UNDERWATER FRICTION STIR WELDING OF
ALUMINUM ALLOY

铝合金
水下搅拌摩擦焊技术

张会杰 著

化学工业出版社

·北京·

内容简介

铝合金搅拌摩擦焊中出现的热软化现象是接头性能降低的根本原因。为了优化焊缝微观组织，有效提升铝合金搅拌摩擦焊接头的力学性能，本书提出采用全水浸搅拌摩擦焊技术进行铝合金焊接的工艺方法，并从工艺特征、工艺演变规律和工艺机理等方面，对铝合金水下搅拌摩擦焊技术进行系统深入的论述，建立了水下搅拌摩擦焊的工艺特性，以及接头微观组织和力学性能的相关性，并从数值模拟的角度分析了全水浸这种特殊散热环境下的焊接热作用特征和机理，揭示了水下搅拌摩擦焊工艺的本质。

本书适宜焊接行业的技术人员参考。

图书在版编目（CIP）数据

铝合金水下搅拌摩擦焊技术/张会杰著．—北京：化学工业出版社，2021.10
ISBN 978-7-122-39694-5

Ⅰ.①铝… Ⅱ.①张… Ⅲ.①摩擦焊-研究 Ⅳ.①TG453

中国版本图书馆 CIP 数据核字（2021）第 156716 号

责任编辑：邢　涛　　　　　　　　文字编辑：温潇潇　陈小滔
责任校对：宋　夏　　　　　　　　装帧设计：韩　飞

出版发行：化学工业出版社（北京市东城区青年湖南街 13 号　邮政编码 100011）
印　　装：北京建宏印刷有限公司
710mm×1000mm　1/16　印张 9　字数 200 千字
2021 年 9 月北京第 1 版第 1 次印刷

购书咨询：010-64518888　　　　　售后服务：010-64518899
网　　址：http://www.cip.com.cn
凡购买本书，如有缺损质量问题，本社销售中心负责调换。

定　价：98.00 元　　　　　　　　　　　　　　版权所有　违者必究

前　言

铝合金由于具有比强度高、耐疲劳性能好、抗应力腐蚀性能强等优点，在航空航天领域得到了广泛的应用。搅拌摩擦焊（friction stir welding，FSW）作为一种固相连接方法，有效地解决了难以熔化焊的铝合金的连接问题。在铝合金（特别是高强铝合金）的 FSW 过程中，热软化效应是一个比较常见的现象，能够显著降低接头的力学性能。要解决这一问题，控制焊接温度场，降低焊接热循环对接头组织和性能的不利影响是关键。目前，焊前或焊接过程中采用冷却介质来降低 FSW 过程的温度场，进而改善焊缝组织并提高接头性能的做法得到了普遍认同，但所采取的措施大多是对工件表面实施局部的冷却，虽然取得了一定的积极效果，但对于最为薄弱的焊缝根部的影响较弱，导致接头性能的有效提升受到了限制。

为了解决这一问题，本书提出水下 FSW 方法，即通过对被焊工件施加整体水浸冷却作用，全方位降低焊接接头的热软化程度。试验表明，这种方法是削弱 FSW 过程热效应、提高铝合金 FSW 接头性能的理想技术；同时也发现了水下 FSW 焊缝的微观组织和力学性能的工艺演变规律、FSW 工艺优化机制以及焊接温度场特征等与传统 FSW 存在本质区别。为了深刻阐明水下 FSW 工艺的机理，实现其高质量应用，有必要对这些本质问题进行深入探索。

为此，本书中专门选取 2219 铝合金为被焊材料，对水浸环境中的铝合金 FSW 做进一步的探索。首先通过与常规 FSW 进行对比，介绍了水浸冷却对 FSW 接头的微观组织和力学性能的影响情况，并揭示水浸冷却对铝合金 FSW 的作用特征；然后介绍了工艺参数对水浸接头力学性能的影响规律，在此基础上优化水下 FSW 工艺，得出最佳工艺规范和最大力学性能，探索在常规 FSW 最优工艺的基础上进一步提高接头性能的可行性；接着介绍了接头各区的晶粒形态、位错和沉淀相分布随工艺参数的演变规律，得出水浸接头组织和性能的相关性，并分析了水浸接头的缺陷特征，阐明其形成机理；最后分析了水介质的汽化特征，提出水下 FSW 的散热机制，建立 FSW 产热模型，模拟分析水下 FSW 温度场，进而揭示水下 FSW 的本质。

本书在撰写过程中得到了黄永宪教授、周利博士、沈俊军博士、冯秀丽博士、于雷硕士等人的帮助，各章节中涉及理论分析的部分，得到了刘会杰教授的悉心指导，在此一并深表谢意。

本书可作为从事搅拌摩擦焊技术相关工作的科技人员的专业参考书籍。

鉴于笔者自身水平和认知的局限性，书中难免有一些不足之处，敬请各位读者批评指正。

张会杰

2021 年 7 月

目 录

第1章 绪论

1.1 概述 … 1
1.2 空气环境下的铝合金搅拌摩擦焊（FSW） … 2
    1.2.1 接头微观组织 … 3
    1.2.2 接头力学性能 … 5
    1.2.3 焊接温度场 … 8
1.3 冷却介质作用下的铝合金FSW … 11
    1.3.1 冷却介质对接头微观组织的影响 … 11
    1.3.2 冷却介质对接头力学性能的影响 … 12
    1.3.3 冷却介质对焊接温度场的影响 … 14
1.4 铝合金水下FSW技术概述 … 16

第2章 焊接工艺分析

2.1 材料分析 … 17
2.2 工艺设备 … 18
    2.2.1 FSW设备 … 18
    2.2.2 水下FSW系统 … 19
    2.2.3 检测及分析设备 … 20
2.3 工艺方法 … 21
    2.3.1 FSW工艺试验 … 21
    2.3.2 温度场测量 … 22
    2.3.3 氢含量测量 … 23

  2.3.4 微观组织分析 …………………………………………… 23

  2.3.5 力学性能分析 …………………………………………… 24

第3章 水浸冷却对铝合金FSW的作用 26

 3.1 概述 ……………………………………………………………… 26

 3.2 氢含量分析 ……………………………………………………… 26

 3.3 焊缝成形 ………………………………………………………… 27

 3.4 微观组织 ………………………………………………………… 29

  3.4.1 晶粒形态 ………………………………………………… 29

  3.4.2 位错分布 ………………………………………………… 30

  3.4.3 沉淀相分布 ……………………………………………… 33

 3.5 力学性能 ………………………………………………………… 37

  3.5.1 硬度分布 ………………………………………………… 37

  3.5.2 拉伸性能 ………………………………………………… 39

第4章 水下FSW接头力学性能及其控制 45

 4.1 概述 ……………………………………………………………… 45

 4.2 水下FSW接头力学性能 ………………………………………… 45

  4.2.1 拉伸性能 ………………………………………………… 45

  4.2.2 硬度分布 ………………………………………………… 49

 4.3 水下FSW工艺优化 ……………………………………………… 53

  4.3.1 基于Box-Behnken试验设计的响应面法 ……………… 53

  4.3.2 工艺过程 ………………………………………………… 54

  4.3.3 响应模型的拟合及其精度分析 ………………………… 56

  4.3.4 响应面和等高线图 ……………………………………… 59

  4.3.5 与常规FSW最优工艺对比 ……………………………… 60

第5章 水下FSW接头的组织演变规律及缺陷形成机理 63

 5.1 概述 ……………………………………………………………… 63

5.2 微观组织演变规律 …………………………………………… 63
 5.2.1 转速对微观组织的影响 …………………………………… 64
 5.2.2 焊速对微观组织的影响 …………………………………… 69
5.3 缺陷的特征及形成机理 ……………………………………… 74
 5.3.1 水浸接头的缺陷特征 ……………………………………… 74
 5.3.2 水下FSW材料流动的一般特征 …………………………… 76
 5.3.3 工艺参数对水下FSW材料流动的影响 …………………… 79
 5.3.4 缺陷形成机理 ……………………………………………… 84

第6章 水介质的汽化特征及水下FSW温度场　　89

6.1 概述 …………………………………………………………… 89
6.2 水介质的汽化特征 …………………………………………… 89
 6.2.1 水介质的汽化过程 ………………………………………… 89
 6.2.2 水介质的沸腾过余温度 …………………………………… 91
6.3 水下FSW温度场模拟 ………………………………………… 95
 6.3.1 产热模型 …………………………………………………… 95
 6.3.2 材料性能参数及有限元模型 ……………………………… 97
 6.3.3 传热控制方程 ……………………………………………… 99
 6.3.4 焊接边界条件 ……………………………………………… 100
 6.3.5 模拟结果分析 ……………………………………………… 107

展望　　121

参考文献　　123

第 1 章

绪 论

1.1 概述

铝合金由于具有比强度高、疲劳性能好、抗应力腐蚀性能强等优点,在航空航天、车辆等领域得到了广泛的应用。特别是在航空航天领域,为降低飞行器自重,提高飞行器的有效载荷及工作性能,大量采用了高强铝合金的焊接构件[1-3]。传统的铝合金焊接方法包括钨极气体保护焊(GTAW)[4,5]、熔化极气体保护焊(GMAW)[6,7]、电子束焊(EBW)[8,9]和变极性等离子弧焊(VPPAW)[10,11]等,但这些熔化焊方法所得接头的强度大多较低,仅能达到母材的 50%~70%,而且出现气孔和裂纹等缺陷的倾向较大。

搅拌摩擦焊接(friction stir welding,FSW)是一种新型的连接技术,由英国焊接研究所(TWI)于 1991 年发明[12]。它的基本原理是高速旋转的搅拌头对被焊材料施加热机作用,使其发生塑性化,并在轴肩的锻压作用下实现焊缝成形(见图 1-1)[12,13]。由于是固相连接,被焊材料在焊接过程中不发生熔化,因此 FSW 能够有效避免熔化焊中常见的气孔、裂纹等缺陷,形成强度高、变形小的优质接头。这种方法的出现成功解决了低熔点金属材料尤其是铝合金的连接问题,到目前为止,已成功应用于 1000 系列[14,15]、

2000 系列[16-18]、5000 系列[19-21]、6000 系列[22-24] 及 7000 系列[25-27] 等几乎所有型号的铝合金的连接。

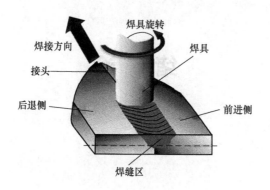

图 1-1 搅拌摩擦焊接工艺示意图[13]

虽然与熔化焊相比 FSW 的热输入较低，不会引起被焊材料的熔化，但在铝合金，特别是可热处理强化铝合金（高强铝合金）的焊接中，搅拌头所施加的热作用仍会导致接头发生局部的热软化效应，使接头的性能低于母材。因此，多年来，提高铝合金 FSW 接头的力学性能一直是研究的热点。在以往的研究中曾通过对所得接头进行焊后热处理[26,28-30] 来提高铝合金 FSW 接头的力学性能。虽然这种方法能在一定程度上恢复接头的性能，但对工业实际应用而言成本过高，对于大尺寸构件甚至难以实现。

为了有效降低摩擦产热所带来的热软化效应，改善接头的组织和性能，本书论述了低成本、易操作的水下 FSW 方法，即将被焊材料完全浸没在水环境中进行焊接，期望利用水介质强烈的吸热作用，改善焊缝组织状态，降低焊接热软化程度，从而达到提高接头力学性能的目的，为铝合金的优质连接开辟新的技术途径。

1.2 空气环境下的铝合金搅拌摩擦焊（FSW）

自 FSW 问世以来，其在铝合金的连接上已得到了广泛的研究和应用，研究重点包括微观组织、力学性能和温度场三个方面。

1.2.1 接头微观组织

1.2.1.1 晶粒及亚结构

铝合金 FSW 接头按组织特征一般可分为四个区域：搅拌区（stirred zone，SZ）、热机影响区（thermal mechanically affected zone，TMAZ）、热影响区（heat affected zone，HAZ）和母材（base metal，BM）[13,31]，如图 1-2（a）所示。SZ 是在搅拌头的直接搅拌作用下形成的，由于发生了动态再结晶，其内部组织已由原始的母材组织转变为细小的等轴晶组织［见图 1-2（b）］。TMAZ 没有受到搅拌头的直接搅拌作用，但仍在其旋转带动下发生了弯曲拉长变形，在焊接热循环的作用下，变形晶粒内部发生了一定程度的回复和部分再结晶［见图 1-2（c）］。HAZ 没有受到机械搅拌作用，只经历了焊接热循环，因而呈现出与母材相近的晶粒结构［见图 1-2（d）和（e）］。

在 FSW 过程中，SZ 在搅拌头的剧烈搅拌和高温热循环的共同作用下，同时发生着晶粒的变形、晶内位错密度的增殖、回复和再结晶等一系列组织演变行为。鉴于这一过程的复杂性，SZ 等轴晶组织的形成机制一直是研究的热点和难点。传统观点认为，铝合金具有较高的堆垛层错能，在高温变形中其内部位错易于攀移和滑移并引发较大程度的动态回复，致使动态再结晶难以发生[32,33]。但近年的研究成果表明，在热扭转或热挤压过程中，铝合金也可以发生动态再结晶[34,35]。当前，大多数研究人员认为铝合金 FSW 接头 SZ 组织的可能形成机制包括不连续动态再结晶（DDRX）[36]、连续动态再结晶（CDRX）[36,37]和几何动态再结晶[38]（GDRX）等。这些机制的差别在于再结晶晶核的形成过程不同。在不连续动态再结晶中，晶核的形成过程与静态再结晶类似，即亚晶迁移或亚晶合并。连续动态再结晶的主要思想是指相邻回复亚晶反复持续地吸收位错并发生旋转，直至形成稳定的具有大角度晶界的晶核。就几何动态再结晶而言，原始母材晶粒在搅拌头剧烈的搅拌作用下受到持续的挤压，致使晶界间距不断变小，当晶界距离达到亚晶尺寸时，晶界之间的吸附作用将使变形晶粒发生断裂，进而形成细小的再结晶晶核。

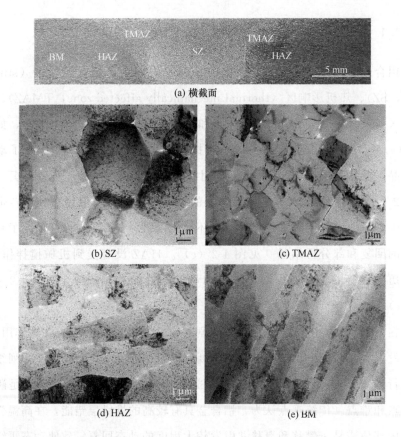

图 1-2　铝合金 FSW 接头的各区微观组织[37]

1.2.1.2　沉淀相演变

铝合金中的高强铝合金是由固溶和时效热处理工艺获得的，与母材处于共格或半共格位相关系的亚稳相是高强铝合金的主要强化相，决定着材料的力学性能。FSW 过程中，搅拌头的热机作用将改变母材原始沉淀相的分布状态。

Fonda 等人[39] 分析了 2519-T87 铝合金 FSW 接头的微观组织,并得出如下结果。第一,HAZ 中母材原有的 T_1 和 θ' 相发生了粗化,且粗化程度在 HAZ/TMAZ 界面处达到最大;第二,SZ 和 TMAZ 的亚稳相完全或部分溶解到了基体内,并在随后的冷却中发生了再析出,析出量与固溶程度成比例。

Su 等人[37] 进行了 7050-T651 铝合金的 FSW 研究,结果发现,HAZ 发生了亚稳相的粗化和向稳定相的转化,同时晶间无析出带的宽度与母材相比有所增大。在 TMAZ,亚稳相除进一步粗化外,还发生了少量的溶解和细小稳定相的再析出。在 SZ 内沉淀相则完全溶解并在冷却过程中出现再析出。

Cabibbo 等人[40] 分析了 6056-T6 铝合金 FSW 接头的各区组织,并得出沉淀相的一系列演变行为。在 HAZ,母材原始的亚稳相 β' 发生了粗化,而在 TMAZ,绝大多数的亚稳相已转化为稳定相 β。SZ 的亚稳相均溶解到基体中并在冷却时出现了细小稳定相的再析出。

Chen 等人[41] 对 2219-T6 铝合金在 FSW 过程中的沉淀相演变行为进行了研究。结果发现,母材原始的亚稳相 θ' 在 HAZ 发生了粗化 [见图 1-3 (a) 和 (b)];而在 TMAZ,亚稳相少量溶解到基体中,大量转化为稳定相 θ [见图 1-3 (c)];在 SZ,亚稳相大量溶解到基体中,只有少量发生了向稳定相的转化 [见图 1-3 (d)]。

可见,铝合金在 FSW 中,亚稳相主要发生了粗化、向稳定相转化、向基体内溶解以及冷却过程的再析出等一系列变化。沉淀相的这些演变行为将会对接头的力学性能产生影响。

1.2.2 接头力学性能

在焊接热循环的作用下,沉淀相所发生的上述演变会降低其对基体的强化效果,因而在铝合金 FSW 接头内一般都包含着一个由 SZ、TMAZ 和 HAZ 所组成的硬度值低于母材的区域,在此将其称为软化区,如图 1-4 所示。软化区的存在使得 FSW 接头的力学性能与母材相比明显降低,如

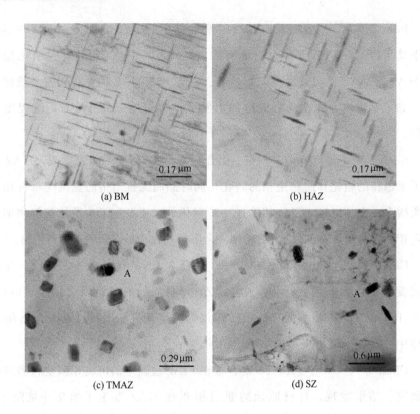

图 1-3 2219-T6 铝合金 FSW 接头的各区沉淀相分布[41]

表 1-1 所示，在已有的研究结果中，铝合金 FSW 接头的强度系数最高仅达到 0.8 左右。

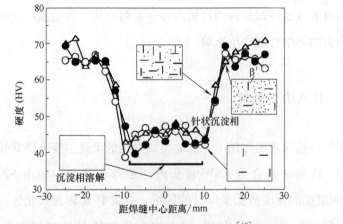

图 1-4 铝合金 FSW 接头的硬度分布[42]

表 1-1 铝合金 FSW 接头的力学性能

铝合金（厚度）	母材强度/MPa	FSW 接头强度/MPa	强度系数/%	参考文献
2014-T651(6mm)	479~483	326~338	68~70	[43]
2219-T6(5.6mm)	442	341	77	[44]
2024-T6(4mm)	477	380	79	[45]
6061-T6(5mm)	319~324	217~252	67~79	[43],[46]
7075-T6(5mm)	485	373	77	[47]
7050-T7451(6.4mm)	545~558	427~441	77~81	[48]
7075-T651(6.4mm)	622	468	75	
6082-T6(4mm)	323	262.7	81	[49]
6063-T6(4.75mm)	220	160	72	[50]
6013-T6(4mm)	394~398	295~322	75~81	[51],[52]
2519-T87(25.4mm)	480	379	79	[53]
6061-T6(3mm)	322	233	72	[54]
2219-T87(6mm)	427	334.19	78	[55]

铝合金的 FSW 接头在拉伸时一般易从软化区中靠近 TMAZ 的 HAZ 发生断裂[25,39,56]。Fonda 认为，HAZ 所经历的热循环使其亚稳相发生了较大程度的粗化和转化，但不足以引起亚稳相的溶解和再析出，因此易成为接头的最薄弱位置[39]。由此可见，提高 HAZ 的性能对于改善铝合金 FSW 接头的力学性能至关重要。

无缺陷 FSW 接头的性能由硬度分布来决定，而当缺陷出现时，它往往就会成为影响接头性能的主要因素。已有研究证明，过低或过高的热输入都会导致焊接缺陷的产生，并显著降低接头的力学性能[57-61]。一般认为，低热输入下焊接缺陷的形成是由材料的塑性流动不充分造成的[57-59]，但对于较高热输入下焊接缺陷的形成原因至今还没有一致的观点。Kim 等人[59]认为高热输入下缺陷的形成是由工件上下表面所经历的热循环差异造成的，而 Arbegast 等人[60,61]却认为这是由大量返回到前进侧的轴肩搅拌材料被挤回进入搅拌针作用区所造成的。因此就这一问题，还有待于深入的研究。

在不出现焊接缺陷的前提下，要想获得最佳工艺参数，就有必要对 FSW 工艺进行优化。目前，已被采用的工艺优化方法有正交试验法[62]和响应面法[63-66]。正交试验法只能在所选的水平上进行最优组合，优化精度较低，所反映的数据内在关系也较少。响应面法通过建立因素和响应值之间的回归关系来实现对试验工艺的优化，优化精度高，能较全面地反映数据的内在结构。目前，在 2219-T87 铝合金[63]、6061-T6 铝合金[64]、2024-T6 铝合金[65]和 6063-T6 铝合金[66]等铝合金的 FSW 中，研究人员即采用响应面法进行工艺优化，不仅得到了接头的最优力学性能，还运用所建模型阐述了各工艺参数对接头性能的影响规律。一般而言，铝合金 FSW 接头的抗拉强度随着转速或压深的增大呈现出先增大后减小的变化趋势，而随着焊速的增大而逐渐增大，因而最优工艺参数一般都趋近于所选转速和压深范围内的中间值以及焊速范围内的最大值。

1.2.3 焊接温度场

温度场分布直接决定着组织形态，进而影响接头力学性能，因此，阐明 FSW 温度场对于揭示焊接本质及机理具有重要意义。采用热电偶测量的方法可以获得温度场分布的直接信息。Mahoney 等人[25]在对 7075-T651 铝合金进行 FSW 时即测量了搅拌头附近及其外侧的温度分布，如图 1-5 所示。可见，在 SZ 边缘附近沿水平和厚度方向都存在着较大的温度梯度，随着与 SZ 距离的增大，这两个温度梯度都逐渐降低。所得最高峰值温度达到了 475℃，高于基体强化相的溶解温度。

Sato[67] 和 Hashimoto[45] 等人也在 6063-T5 和 7075-T6 铝合金的焊接中采用热电偶测量了搅拌针边缘位置的温度场，并在高转速下分别得到了超过 500℃和 450℃的最高峰值温度。为了获得焊缝变形区的温度分布情况，Tang 等人[68]将热电偶从工件背面安放到焊缝中心位置，并在距离焊缝上表面四分之一板厚处测得最高峰值温度为 450℃。但同时也发现，焊接过程中，热电偶在塑性变形材料的带动下发生了轻微的移动，因而作者认为测量

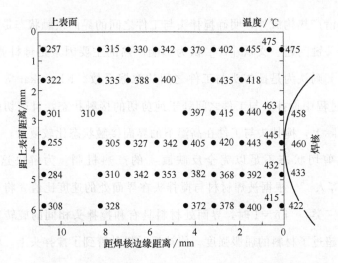

图 1-5 7075-T651 铝合金的 FSW 温度场分布[25]

值和真实值之间存在一定的误差。

实际上,由于在焊接中易发生移动,热电偶难以准确测得 FSW 接头变形区的温度场分布情况,尤其在具有较高温度梯度的搅拌头边缘位置(见图 1-5),热电偶的微小移动都有可能造成很大的误差。为了准确全面地反映 FSW 接头温度场的分布特征,往往需要建立热源模型,对 FSW 的热过程进行模拟分析。早期所构建的产热模型忽略了搅拌针产热和塑性变形热,而仅考虑轴肩的摩擦产热,得出如下的产热计算公式[69-72]:

$$Q_s = \frac{2}{3}[\pi\mu p\omega(R_o^3 - R_i^3)] = \frac{2}{3}[\pi\tau\omega(R_o^3 - R_i^3)] \tag{1-1}$$

式中,ω 为搅拌头转速;τ 为母材的剪切屈服强度;R_o 和 R_i 分别为轴肩的外径和内径。

Colegrove 等人[73]将搅拌针产热分为三部分:对母材的剪切产热、搅拌针螺纹面与母材的摩擦产热和搅拌针竖直面与母材的摩擦产热。得出的结论是搅拌针产热约占总产热量的 20%,在模拟中是不可以忽略的。而搅拌头周围材料的塑性变形功仅占总产热量的 4.4% 左右[74],因此是可以忽略的。

除弄清产热构成外,明确搅拌头与工件之间的界面接触状态是温度场模拟的又一关键问题。文献[70]认为影响产热的主要因素是母材剪切强度,文献[71]则认为是搅拌头与工件之间的摩擦系数。Khandkar 等人[75]假定 FSW 过程中搅拌头与工件之间处于纯剪切的接触状态,且剪切应力各处相等。实际上,搅拌头与工件在高温下的界面接触状态比较复杂,仅仅将其假定为纯剪切状态不足以完全反映真实的产热机制。为解决这一问题,Schmidt 等人[76]根据被焊材料与搅拌头在界面处的速度比值 δ 将界面接触状态分为三类。当 $\delta=1$ 时,界面处材料具有和搅拌头相同的旋转速度,说明剪切力超过了材料的屈服强度,使被焊材料黏着到了搅拌头上,将此时的界面接触状态称为黏着态,即塑性变形是产热的主要机制;当 $\delta=0$ 时,界面处材料没有运动,说明剪切力小于材料的屈服强度,此时将界面接触状态称为滑移态,即摩擦是产热的主要机制;当 $0 \leqslant \delta \leqslant 1$ 时,界面接触状态介于两者之间,为黏着/滑移混合态,摩擦和塑性变形都参与了产热。具体可由公式(1-2)清晰看出。

$$q_{total} = q_{friction} + q_{plastic} = \omega r [(1-\delta)\tau_{friction} + \delta\tau_{yield}] \tag{1-2}$$

其中,$q_{friction}$ 和 $q_{plastic}$ 分别为摩擦产热和塑性变形产热;ω 为转速;r 为到搅拌头轴线距离;$\tau_{friction}$ 和 τ_{yield} 分别为摩擦应力和剪切应力。

这种分析方法比较透彻地阐明了 FSW 的产热机制,但被焊材料与搅拌头的速度比值 δ 是一个无法直接测得的量,在实际计算中存在较大的困难。基于这种考虑,Schmidt[77]进一步将滑移态也看成是一个剪切过程,且认为摩擦剪切应力与基体材料的屈服应力相平衡,即:

$$\tau_{friction} = \tau_{contact} = \tau_{yield} \tag{1-3}$$

最终得到总产热计算公式:

$$q_{total} = \omega r \tau_{yield}(T) \tag{1-4}$$

这种产热机制既考虑了界面接触状态,又简化了计算过程,将产热转化为与温度相关的剪切屈服强度的函数,是一个热量自适应的焊接热源模型。

1.3 冷却介质作用下的铝合金 FSW

　　针对铝合金在 FSW 中存在的热软化问题，一些研究人员已开始尝试在焊接过程中施加辅助的冷却作用，以增强焊接散热，改善接头组织并提高接头性能。所采用的冷却介质包括甲醇、干冰、液氮、水或由不同组分所构成的混合液等。

1.3.1 冷却介质对接头微观组织的影响

　　FSW 接头的 SZ 由细小的等轴晶粒组成，这一组织特征拓宽了搅拌摩擦焊接或搅拌摩擦处理（friction stir processing，FSP）的应用范围，使其成为制备大块细晶材料甚至纳米材料的主要手段之一[78]。空气环境下的焊接温度较高，再结晶晶粒存在明显的长大，因此难以得到纳米级尺寸的晶粒。为解决这一问题，众多研究人员采用冷却介质对被焊工件进行焊前或实时冷却，以降低晶粒的长大程度，得到纳米级的细晶组织。Benavides 等人[79]在对 2024 铝合金进行 FSW 试验前，用液氮将工件的初始温度由 30℃ 降低到 −30℃，结果导致 SZ 的晶粒尺寸从 $10\mu m$ 降低到了 $0.8\mu m$ [见图 1-6 (a)]。Hofmann 等人[80]将 6061-T6 铝合金完全浸没在水环境中进行 FSP 试验，得到了尺寸为 200nm 的细小晶粒 [见图 1-6 (b)]。Rhodes 等人[81]在焊前和焊接过程中均采用甲醇和干冰的混合物对被焊工件 7050-T76 铝合金进行冷却，结果显示在搅拌针底部变形区出现了尺寸位于 25～100nm 区间的细小晶粒 [见图 1-6 (c)]。Su 等人[82]在焊接 7075-T6 铝合金的过程中，采用水、甲醇和干冰的混合物对被焊工件进行冷却处理，得到了尺寸约为 100nm 的细晶组织。而在另一组试验中，他们在焊接完成时迅速将甲醇和干冰的混合物喷洒到焊缝尾部的匙孔，最终得到了尺寸约为 50nm 的纳米级晶粒[36]，如图 1-6 (d) 所示。

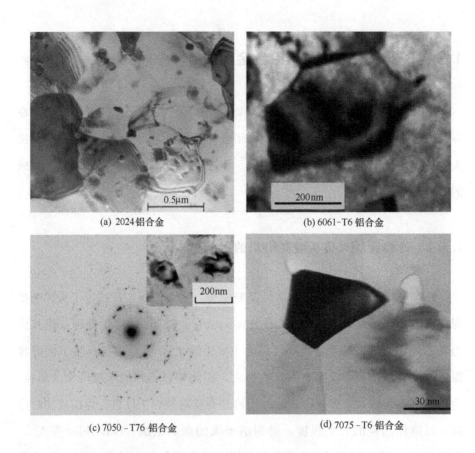

图 1-6 冷却介质作用下的 FSW/FSP 所得的铝合金细晶组织

可见，冷却介质对于细化焊缝组织具有显著的作用，从而为纳米材料的制备提供了一个崭新的途径。需要注意的是，当前有关冷却介质对铝合金 FSW 接头微观组织的影响研究仍仅局限在晶粒形态方面，而其对沉淀相及位错等亚组织演变的影响研究还没有开展。

1.3.2 冷却介质对接头力学性能的影响

除对焊缝组织的细化作用外，冷却介质对铝合金 FSW 接头的力学性能也具有一定的影响。文献［79］采用液氮降低了工件的焊接初始温度，结果由于热输入过低，在冷却接头内出现了孔洞缺陷［见图 1-7（b）］。与相同工艺参数下的常规接头相比,冷却接头的 TMAZ 和 HAZ 的硬度值都有所提高,导致接头软化区变窄。此外,虽然冷却作用使焊缝组织发生显著细化,但冷却接头 SZ 的硬度却低于常规接头,具体原因文献中没有给出。

Staron 等人[83]在进行 2024-T351 铝合金的 FSW 过程中,采用干冰在搅拌头后面进行随焊冷却处理。结果发现,在受到干冰直接冷却的焊缝中心位置处,接头原有的纵向拉应力已经转变为压应力,而没有得到充分冷却的 HAZ 仍然保留着拉应力状态,说明冷却介质能够改变 FSW 接头的应力分布。

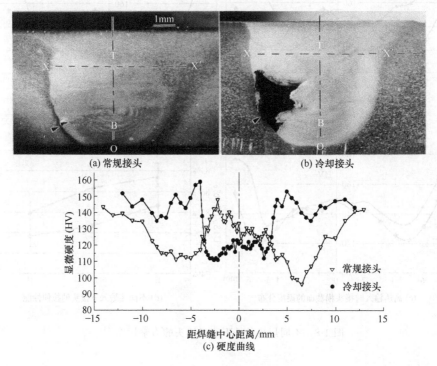

图 1-7　接头横截面及硬度分布曲线[79]

Fratini 等人[84]在 7075-T6 铝合金的 FSW 过程中采用流水对被焊工件的上表面进行冷却。结果显示,冷却接头的 TMAZ 和 HAZ 的硬度值都有所提高,导致其软化区明显变窄。冷却接头的最低硬度值高于常规接头,且这一差异随着热输入的增大而减小[见图 1-8(a)~(c)]。拉伸测试结果显示,与常规接头相比,冷却接头的抗拉强度有所提高,提高程度随着焊接热输入的增大而逐渐降低[见图1-8(d)]。这一结果证明冷却介质在改善铝合金FSW接头的性能上确实能起到一定的作用。同时发现,在不同的焊接参数下,冷却介质所起的作用也不同,说明若对冷却介质作用下的FSW工艺进行优化,则有可能进一步提高接头的力学性能。

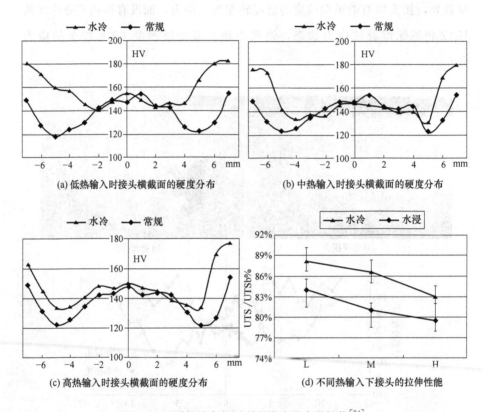

图1-8 不同焊接条件下所得接头的力学性能[84]

1.3.3 冷却介质对焊接温度场的影响

冷却介质对铝合金FSW接头微观组织和力学性能的影响,本质上都是由对焊接温度场的影响造成的。在文献[79]中,作者测量了搅拌头轴肩外距焊缝中心线10mm处的焊接温度场,结果发现,冷却介质使峰值温度由空气环境下的330℃降低到了140℃。在文献［80］中，作者同样利用热电偶测量了搅拌针底部材料的焊接温度，发现水介质能将其峰值温度由空气环境下的480℃降低到400℃，同时焊接热循环曲线的升温和降温速率都有所提高，导致高温停留时间变短。这些结果在一定程度上反映了冷却介质对FSW温度场的影响情况，但与空气环境中遇到的问题类似，热电偶无法准确反映出发生塑性变形的SZ和TMAZ的温度场特征。为得出冷却介质对整个接头温度场的影响情况，就需要建立合适的产热散热模型来进行模拟分析。

Seliger等人[85]通过在垫板底部加工条形槽并通入冷却介质实现了对FSP过程的冷却，并对焊接温度场进行了模拟分析。结果表明，在垫板底部施加的冷却作用对轴肩面的热输入影响很小，因此作者认为要进一步细化焊缝组织，需要同时对工件上表面进行冷却。

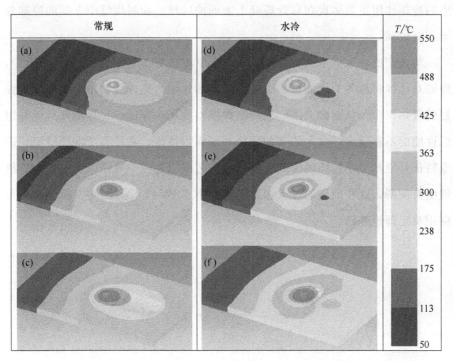

图1-9 不同热输入下FSW接头的温度场分布[84]

(a)(d) 低热输入；(b)(e) 中热输入；(c)(f) 高热输入

在文献［84］中，作者通过建立有限元模型对流水冷却下的FSW温度场进行了模拟分析。由于工件上表面温度很高，水介质在被喷射到工件表面后即发生汽化。通过摄像分析，作者将水介质的汽化散热区简化为一个位于搅拌头后方的直径为12mm的圆形区域。研究表明，水介质的冷却作用能够显著缩小焊接高温热循环的作用区域，且热输入越低，水介质所起的冷却效果越显著（见图1-9）。

1.4 铝合金水下FSW技术概述

以往的随焊冷却FSW工艺方法已经证实，在铝合金的FSW中施加焊前或实时冷却作用，对于控制焊接温度场、细化焊缝组织及提高接头性能具有一定的效果。在焊接过程中，单纯对被焊工件的表面施加随焊冷却，所产生的冷却作用主要体现在靠近焊缝上表面的区域，而对焊缝中下部的冷却效果相对较弱。

与此相比，水下FSW技术，即焊接中将被焊工件全部浸入水介质中，能够对被焊材料各个表面施加全方位的冷却作用，充分地利用了水介质的强烈的吸热作用，从而最大限度地控制焊接温度场并降低焊接热循环对焊缝组织性能的不利影响。这一新型的强冷外场作用特征，必然会带来焊缝组织演变特征乃至其力学性能的深刻变化，其工艺演变过程、规律以及演变本质机理亟待阐明，这些问题的深入探讨可为水下FSW技术的优化控制及高质量应用奠定理论基础。

第 2 章

焊接工艺分析

2.1 材料分析

试验所用材料为 7.5mm 厚的 2219-T6 铝合金板材,其化学成分和力学性能如表 2-1 和表 2-2 所示。每个焊接试板的尺寸为 300mm×100mm,且试板的长度方向与其轧制方向垂直。焊接沿试板的长度方向进行。

表 2-1 2219-T6 铝合金的化学成分(质量分数)

Al	Cu	Mn	Fe	Ti	V	Zn	Si	Zr
余量	6.48	0.32	0.23	0.06	0.08	0.04	0.49	0.20

表 2-2 2219-T6 铝合金的力学性能

抗拉强度/MPa	屈服强度/MPa	伸长率/%	硬度(HV)
432	315	11	120~130

图 2-1 反映了 2219-T6 铝合金的微观组织特征。沿板材的轧制方向分布着长条状的粗大晶粒组织 [见图 2-1(a)]。在晶粒内部,与母材处于半共格状态的碟片状 θ' 亚稳相是基体的主要强化相 [见图 2-1(b)],亚稳相的直径为 (54 ± 24) nm,厚度为 (4 ± 1.8) nm,而在晶界处则能看到沉淀相的

晶间无析出带［宽度（100±12）nm］。此外，在沉淀相周围，还存在着轧制板材特有的位错组织［见图 2-1（d）］。FSW 的热机作用将会影响母材的这些组织结构。

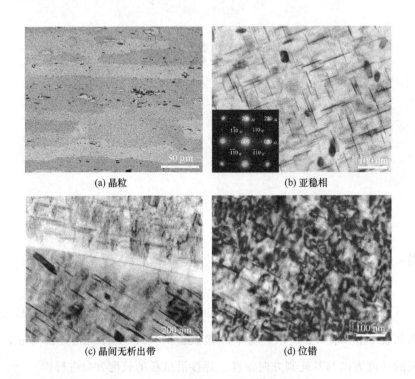

(a) 晶粒　　　　　　　　　　(b) 亚稳相

(c) 晶间无析出带　　　　　　(d) 位错

图 2-1　2219-T6 铝合金的微观组织

2.2　工艺设备

2.2.1　FSW 设备

本书研究所采用的 FSW 设备为北京赛福斯特公司研制的龙门式数控搅拌摩擦焊机（FSW-3LM-003），如图 2-2 所示。该设备的工作台规格为 1500mm×920mm，主轴的最大输出功率 15kW，可焊接的最大板厚达到 20mm，最高旋转速度和焊接速度分别为 3000r/min 和 1200mm/min。

试验采用的焊具为锥形螺纹型搅拌头,其设计尺寸如图 2-3(a)所示。采用工具钢材料加工搅拌头,并进行硬化热处理,热处理后的硬度达到 65HRC 左右,制作完成后的搅拌头如图 2-3(b)所示。

图 2-2 搅拌摩擦焊机

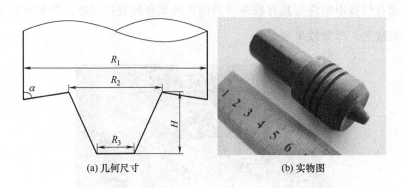

(a) 几何尺寸　　　　(b) 实物图

图 2-3 锥状螺纹型搅拌头的几何尺寸及实物图

2.2.2 水下 FSW 系统

水下 FSW 系统包括水槽和工装卡具两部分。水槽所用材料为 2.5mm 厚的 304 不锈钢板。结合焊接移动平台的实际尺寸,并保证足够的水容量,水槽的结构尺寸设计为 700mm×700mm×150mm。此外,在水槽底部还加工了 6 个直径为 16mm 的圆孔,以实现工装夹具在移动平台上的定位。工装夹具由工件支撑板、焊缝垫板和夹紧块组成。支撑板和垫板材料采用304不锈钢，而夹紧块材料采用中碳钢并经淬火处理。进行焊接前，将工件支撑板和水槽一起用螺栓定位在搅拌摩擦焊机的移动平台上。为防止水的渗漏，在定位螺栓的周围，均采用橡胶密封圈将水槽与移动平台之间及水槽与支撑板之间密封。而后，放置焊缝垫板和被焊工件，并用夹紧块夹紧工件。图2-4给出了水槽与工装夹具的装配图。

从第1章所述的已有温度场模拟结果来看，单独对工件上表面或下表面进行冷却时，冷却作用仅局限在靠近冷却介质的工件表层。为了充分利用水介质的吸热能力，将被焊工件完全浸入到水环境中进行焊接，以对其实施整体冷却。经试验证实，这种方法所得接头的性能要高于仅在表面进行喷水冷却所得的接头。这是因为，水介质在被喷洒到工件表面时，将会在高温作用下瞬间汽化，散热能力有限；而将被焊工件完全浸入到水环境中，工件的各个表面在焊接中始终与具有较强吸热能力的水介质直接接触，热量可以从各个方向散失，冷却效果更好。

图 2-4　水浸搅拌摩擦焊接系统

2.2.3　检测及分析设备

在焊接过程中及焊接完成后，需要对接头进行检测分析，以确定其温度场分布、微观组织特征及力学性能。所涉及的具体设备如下。

① 温度场测量：8 通道测温仪（测温精度±1℃，数据采集周期800ms）以及直径为 0.1mm 的镍铬-镍硅热电偶；

② 氢含量检测设备：ELTRA OH900 氢氧分析仪；

③ 微观组织分析设备：Olympus-MPG3 型光学显微镜（OM）、Hitachi-S4700 型扫描电镜（SEM）和 PHILIPS CM-12 型透射电镜（TEM）；

④ 力学性能分析设备：HX-1000 型显微硬度试验机、INSTRON1186 型力学性能试验机。

2.3 工艺方法

2.3.1 FSW 工艺试验

本书中的焊接环境包括两种，即空气环境和水浸环境。为论述方便，将在空气环境中进行的 FSW 试验简称为常规 FSW，将在水浸环境中进行的 FSW 试验简称为水下 FSW，并将所得接头（或焊缝）分别称为常规接头（或焊缝）和水浸接头（或焊缝），而对不同环境下所得接头的各区域也分别在其前面加上"常规"和"水浸"予以区分。在进行水下 FSW 试验前，先将经丙酮擦拭过的工件装卡在水槽内的垫板上，然后将室温［(25±2)℃］下的水介质注入水槽内，直至浸没试板上表面并达一定深度。在所有试验中，搅拌头的倾角均固定在 2.5°保持不变，而转速（ω）、焊速（v）和轴肩压深（p）则分别在 600～1400r/min，50～300mm/min 和 0.1～0.5mm 的范围内变化。

水下 FSW 中，水介质要有足够的体积，以保证焊接过程中焊接环境的稳定性。结合水槽的尺寸，水介质的体积选为 50L，并选用热输入较大的工艺参数（转速 1400r/min，焊速 100mm/min，压深 0.3mm）进行试验验证，焊缝长 240mm。图 2-5 给出了水槽边缘处水介质的热循环曲线，可见，此时水温的最大变化值仅为 4℃，说明该体积的水介质能保证焊接环境的温度在焊接中维持在较平稳的水平,从而确保了焊接工艺的稳定性。

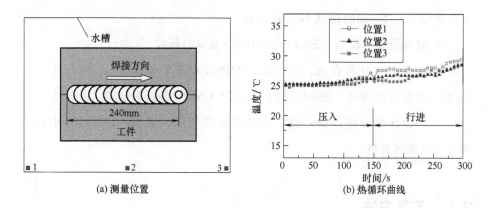

图 2-5 水温的测量位置及热循环曲线

2.3.2 温度场测量

焊接试验前,将热电偶从工件底部插入,并将其端部固定在工件的中间厚度位置,同时在工件底面用防水胶将热电偶固定在工件上。这样做既能起到定位作用,又可避免焊接时水介质接触到热电偶的端部。由于焊接过程中 SZ 和 TMAZ 的材料发生变形,无法用热电偶准确测得二者的温度,因此仅将热电偶的测温位置固定在 HAZ 和 BM。HAZ 与 TMAZ 的边界(即图 2-6 中 d 值)由这两个区域的组织差异来确定。热电偶的间隔距离为 3mm。

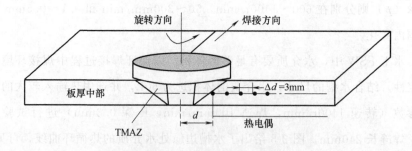

图 2-6 热电偶的测温位置

2.3.3 氢含量测量

对 BM 及 FSW 接头的 SZ 进行氢含量检测。SZ 的试样在其中心位置沿焊接方向截取。所有试样均呈立方形,并精磨至 0.2mg,然后用氢氧分析仪进行测定,氢含量用百万分之一(ppm)来表示。

2.3.4 微观组织分析

采用电火花数控切割机垂直于焊接方向截取接头横截面,经粗磨、精磨和抛光处理后,用混合酸水溶液(3mL 硝酸+6mL 盐酸+6mL 氢氟酸+150mL 水)对试样进行腐蚀,并用光学显微镜观察焊缝成形及各区晶粒形态。晶粒形态的分析位置包括位于焊缝中心线上的 SZ 的上部、中部和下部,以及位于工件中间厚度上的与 SZ 相邻的 TMAZ 和与 TMAZ 相邻的 HAZ,具体如图 2-7 所示。

在透射电子显微镜(工作电压 120kV)上分析位于工件中间厚度的接头各区的沉淀相及位错的分布特征。透射分析的取样位置与晶粒组织的观察位置相同。首先,在各区内沿平行于焊接方向切取厚度为 0.5mm 的薄片(见图 2-7),精磨至 0.1mm,然后在工件中间厚度上截取直径为 3mm 的圆形试样。采用双喷电解对该试样进行减薄,电解液为被液氮冷却至-35℃的 30%硝酸+70%甲醇(体积分数)混合溶液,减薄过程的工作电压 18V。

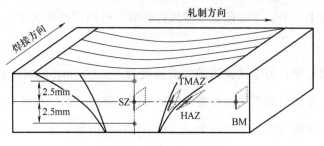

图 2-7 金相及透射分析的取样位置

2.3.5 力学性能分析

2.3.5.1 显微硬度

沿垂直于焊接方向截取接头横截面,经粗磨、精磨和抛光处理后,在距离焊缝上表面1.25mm、3.75mm和6.25mm处(即接头上、中、下三层的中截面)进行硬度测试。相邻测量点之间的距离为1mm,加载载荷为4.9N,载荷持续时间为10s。

2.3.5.2 拉伸性能

按照国家标准GB/T 2651—2008焊接接头拉伸测试方法,采用电火花数控切割机将接头切成标准试样,如图2-8(a)所示。同时,为分析FSW接头的应变分布情况,在接头上切取尺寸为150mm×15mm×7.5mm的矩形试样条,对一侧横截面进行粗磨、精磨和抛光处理后,在中截面上按硬度测试方法打上硬度点,硬度点跨距50mm,且关于焊缝中心线对称。

此外,为研究接头力学性能在厚度方向上的分布情况,还对接头进行了分层拉伸,具体取样方法如下:首先从接头上切取尺寸为150mm×15mm×7.5mm的矩形试样条[见图2-8(b)],经粗磨、精磨和抛光处理后,同样在上、中、下三层的中截面上按上述方法打上硬度点,用以确定拉伸断裂位置;而后沿平行于试样表面的方向[即图2-8(b)中虚线]将该试样条切成上、中、下三层,经砂纸打磨后,得到厚度均为2.3mm的分层拉伸试样。

拉伸过程中,力学试验机的加载速度为1mm/min,且每个接头的拉伸性能均以三个试样的平均值作为评定结果。拉伸测试后,对断裂接头进行研磨、抛光及腐蚀处理。采用光学显微镜分析接头的断裂位置,并用扫描电镜对接头的拉伸断口进行分析。

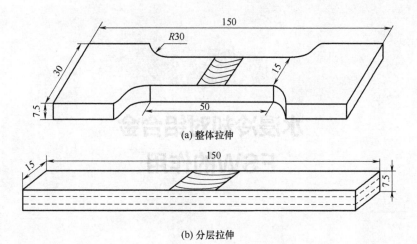

图 2-8 拉伸试样尺寸

第3章

水浸冷却对铝合金 FSW的作用

3.1 概述

在水浸环境中进行 FSW 时,水介质强烈的吸热作用将导致接头的组织演变和力学性能与在空气环境下相比发生显著变化。本章中,在相同的工艺参数下(转速 $\omega=800\text{r/min}$,焊速 $v=100\text{mm/min}$,压深 $p=0.3\text{mm}$),对 2219-T6 铝合金分别进行空气环境和水浸环境下的 FSW 试验,并对比分析所得接头的微观组织和力学性能,以阐明水浸冷却对铝合金 FSW 的作用特征。

3.2 氢含量分析

水下 FSW 的一个显著特征是铝在焊接中与水直接接触,在较高的温度下,二者就有可能发生化学反应生成氧化铝和氢原子。而氢原子是否大量的溶入铝金属中,直接关系到 FSW 接头的组织和性能。为了证实这一点,分别对常规接头和水浸接头的 SZ 以及母材进行了氢含量的测量,结果如表 3-

1 所示。可以看出，三者的氢含量非常接近，位于 1.1~3.8ppm 的范围内，远低于标准规定的氢含量安全值 150ppm。这说明在水浸环境下进行焊接时不会增大焊缝的氢含量，因此在以后的研究中就不再考虑氢含量对接头组织和性能的影响了。

表 3-1　氢含量测量结果　　　　　　　　　　　　　　　ppm

项目	试样	氢含量	平均值	标准差
母材	1 2 3	3.2 3.5 2.8	3.2	0.35
常规 SZ	1 2 3	2.6 2.9 2.2	2.6	0.35
水浸 SZ	1 2 3	3.8 2.6 1.1	2.5	1.35

铝与水反应生成的氢难以溶入焊缝中，主要有两方面的原因。第一，在搅拌头的搅动下，生成的原子态氢大部分都已扩散到水介质中，向焊缝扩散的量很少；第二，搅拌针过后所形成的针后匙孔是一个由轴肩、搅拌针和被焊材料所组成的封闭空腔，且 FSW 是一个固相连接过程，因此即便有少量的氢原子向焊缝扩散，也难以进入到焊缝内部并残留其中。

3.3　焊缝成形

图 3-1 显示了焊缝的表面形貌。可见，在两种环境下均获得了表面成形良好的焊缝，但二者宽度存在差异：空气环境下的焊缝宽度为 25mm，而水浸环境下的焊缝宽度仅为 22.5mm。在水介质强烈的吸热作用下，焊接热输入降低，材料的塑性流动程度下降，使得能够跟随搅拌头旋转并参与焊缝成形的塑性材料减少，因而焊缝宽度变小。此外，由于焊接过程在水中进行，

被焊工件与空气隔绝，焊缝被氧化的程度降低，所以水浸焊缝的表面较常规焊缝更为光滑。

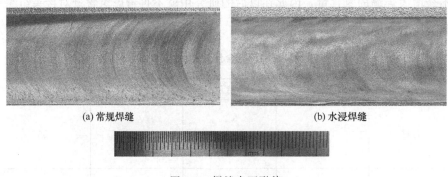

(a) 常规焊缝　　　　　　　　　　　　(b) 水浸焊缝

图 3-1　焊缝表面形貌

图 3-2 为焊缝的横截面照片，其中，RS 和 AS 分别代表焊缝的后退侧和前进侧。两种焊缝均由三个区域构成。在焊缝的中心位置处，是由搅拌头的直接搅拌作用所形成的区域，在此将其定义为搅拌区（SZ）。这个区域由轴肩作用区（shoulder affected zone，SAZ）和搅拌针作用区（pin affected zone，PAZ）两部分组成。在 SZ 外侧的材料虽然没有受到搅拌头的直接搅拌作用，但由于其温度较高，在 SZ 材料黏滞力的带动下依然发生了一定程度的塑性变形，从而形成了热机影响区（TMAZ）。在 TMAZ 外侧，被焊材料没有发生塑性变形，而仅受到焊接热循环的作用，将该区域称为热影响区（HAZ）。

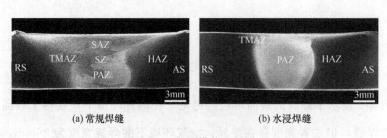

(a) 常规焊缝　　　　　　　　　　　　(b) 水浸焊缝

图 3-2　焊缝横截面照片

与常规 SZ 相比，水浸 SZ 中的 SAZ 部分近乎消失，只剩下 PAZ 贯穿于工件的厚度方向，说明水介质削弱了轴肩作用下的材料塑性流动。另外，由于焊接热输入下降，搅拌头周围能够发生塑性变形的材料的体积减小，致使水浸 TMAZ 的尺寸也较小。

3.4 微观组织

3.4.1 晶粒形态

图 3-3 和图 3-4 为焊缝各区的晶粒形态照片。其中，图 3-3 为焊缝厚度方向上各层的 SZ 的晶粒形态，图 3-4 为焊缝水平中心线上的 TMAZ 和 HAZ 的晶粒形态。

两种焊缝 SZ 的上、中、下三层均分布着等轴状的动态再结晶晶粒。由于热输入降低，水浸 SZ 各层的晶粒尺寸与常规 SZ 的对应层相比均发生了显著的细化。从上层到下层，常规 SZ 的晶粒尺寸逐渐减小，这是由焊接过程中工件厚度方向上的温度场差异造成的。与之相比，水浸 SZ 各层的晶粒尺寸几乎相同，说明水介质的冷却作用提高了焊缝组织在工件厚度方向上的均匀性。

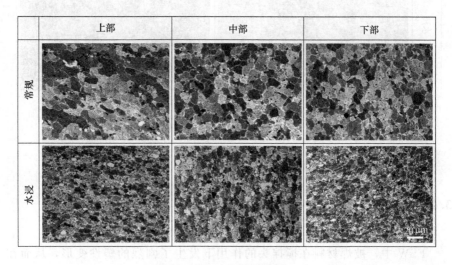

图 3-3 SZ 的晶粒组织

无论哪种 FSW 接头，TMAZ 的晶粒均发生了拉长变形，但水浸 TMAZ 的晶粒拉长变形程度更大，其与 SZ 的界面也更清晰。这是因为，水介质的冷却作用提高了材料的流变应力，使得搅拌头与其周围材料的相互作用增强，从而提高了 TMAZ 晶粒的拉长变形程度。HAZ 没有经历塑性变形，且两种环境下的焊接热循环都不足以引起晶界的迁移，所以两种接头 HAZ 的晶粒都呈现出与母材相似的形态特征。

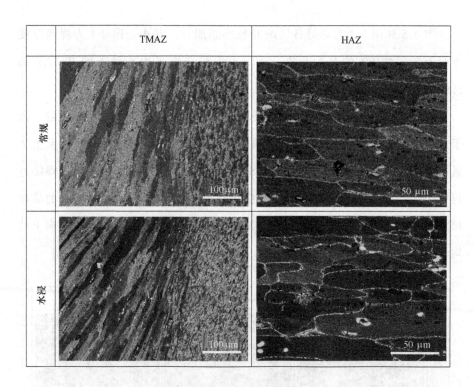

图 3-4　TMAZ 和 HAZ 的晶粒组织

3.4.2　位错分布

FSW 中，被焊材料在搅拌头的作用下发生了剧烈的塑性变形，从而在搅拌区内形成了大量的增殖位错。这些位错在高温及塑性变形能的驱动下会发生回复而形成亚晶界，同时随着变形的进一步进行，位错又将进一步产生。也就是说，位错的产生和回复是两个同时进行的过程，共同影响接头的位错分布特征。

常规 FSW 中，SZ 的温度较高，材料的塑性变形程度也较大，因而在其亚晶内不仅分布着较大密度的网状位错，还存在着大量的回复组织，如图 3-5 所示。相比较而言，水浸 SZ 的温度和材料塑性变形程度都降低，从而抑制了位错的产生和回复过程，导致其位错密度较低，亚结构的数量也较小。不仅如此，相邻亚晶内的位错还呈现出了不均匀的分布特征[见图 3-6 (a)]。由于相邻亚晶所经历的焊接热循环几乎相同[36]，因此可以断定这些亚晶所经历的塑性变形程度存在差异，且由此引起了不同程度的回复。从图 3-6 (b)～(d) 可以清晰地看出这一特征。图 3-6 (b) 中的亚晶界由一条中心亮带和位于两侧的两条暗带共同组成，文献 [86] 和 [87] 将这种形态的亚晶界称为不平衡晶界。由于吸收了大量的点位错，它具有长程应力的特征，能够继续吸收位错以达到平衡状态。其附近位错塞积群的存在正是这一过程的体现。与此相比，图 3-6 (c) 中所给出的不平衡晶界较厚，而且其周围的位错密度也显著降低，取而代之的是一个位错墙结构。随着回复的进一步进行，在 SZ 出现了具有多层结构的平衡晶界[见图 3-6 (d)]，同时在该晶界附近仍存在着被细小沉淀相所钉扎的网状位错，证实了塑性变形的持续进行。

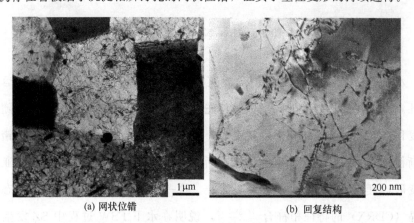

(a) 网状位错　　　　　　　(b) 回复结构

图 3-5　常规 SZ 的位错结构

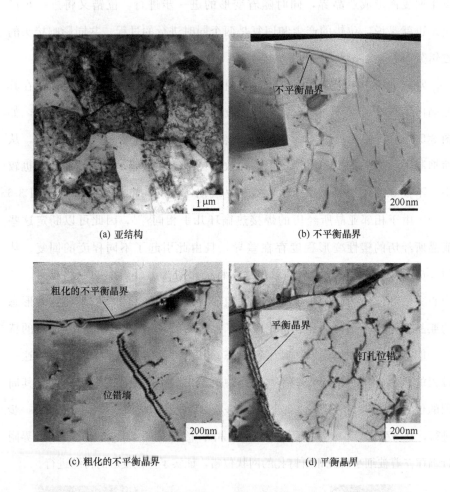

图 3-6 水浸 SZ 的位错结构

水浸 SZ 的这些不同类型的晶界实际上反映了 FSW 过程中位错的运动特征。由塑性变形产生的大量位错首先通过动态回复形成不平衡晶界。随着回复程度的提高，亚结构的数量增大，不平衡晶界也通过不断的吸收位错而逐渐粗化。此后，持续产生的位错不断向不平衡晶界迁移，以协调相邻亚晶的变形，直到形成稳定的平衡晶界为止。这一位错运动过程正与连续动态再结晶（CDRX）的特征相符合[37,88-90]，说明在水下 FSW 过程中 SZ 发生了连续动态再结晶。

3.4.3 沉淀相分布

图 3-7～图 3-9 为焊缝不同区域的沉淀相分布情况。与母材相比，在两种焊缝的 HAZ 内 θ' 亚稳相都发生了粗化，但粗化程度有所不同。常规 HAZ 内亚稳相的直径和厚度分别达到了（106±28）nm 和（10±2.6）nm，且分布密度与母材相比明显降低；水浸 HAZ 内亚稳相的直径和厚度分别为（92.7±30.4）nm 和（7.6±1.8）nm，小于常规 HAZ，同时亚稳相的分布密度也相对较高，说明亚稳相的粗化得到了抑制。另外，在焊接热循环的作用下，常规 HAZ 晶间无析出带的宽度从母材的（100±12）nm 增大到了

(a) 常规沉淀相　　　　　　　　(b) 常规晶间无析出带

(c) 水浸沉淀相　　　　　　　　(d) 水浸晶间无析出带

图 3-7　HAZ 的沉淀相及晶间无析出带

(400±25) nm [见图 3-7 (b)],而水浸 HAZ 晶间无析出带的增大程度较小,仅达到 (280±16) nm [见图 3-7 (d)]。

在 TMAZ,两种焊缝的沉淀相分布同样存在着较大的差异。常规 TMAZ 的亚稳相已经消失,只剩下分布密度较低且尺寸较大的块状 θ 稳定相,说明亚稳相全部发生了向基体内的溶解及向稳定相的转化。水浸 TMAZ 内除了由亚稳相转化而来的稳定相外,仍分布着一定数量的亚稳相 [直径 (129.6±28.2) nm,厚度 (33.9±8.6) nm],说明水介质抑制了 TMAZ 内亚稳相的溶解及转化过程。

常规 SZ 内分布着一定数量的亚稳相,且大多沿着 SZ 的位错线方向分布 [见图 3-9 (a) 和 (b)]。亚稳相的直径和厚度已分别达到了 (88.5±15) nm 和 (8.5±1.5) nm,都大于母材原始的亚稳相尺寸。水浸 SZ 内只有少量的块状稳定相,不存在沿位错线分布的亚稳相 [见图 3-9 (c) 和 (d)]。

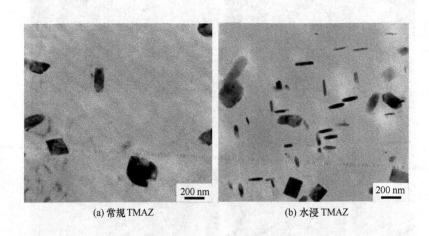

(a) 常规 TMAZ (b) 水浸 TMAZ

图 3-8　TMAZ 的沉淀相分布

对比常规 HAZ 和水浸 HAZ 可以发现,亚稳相的粗化程度与其分布密度具有一定的关系,粗化程度越大,分布密度就越低。由此断定,HAZ 内亚稳相在粗化的同时也伴随着部分溶解的发生。以往的研究在阐述铝合金 FSW 接头的 HAZ 沉淀相演变时,往往仅提到亚稳相的粗化,而不提其溶解,作者认为 HAZ 的温度位于亚稳相溶解温度以下,因此亚稳相的溶解不

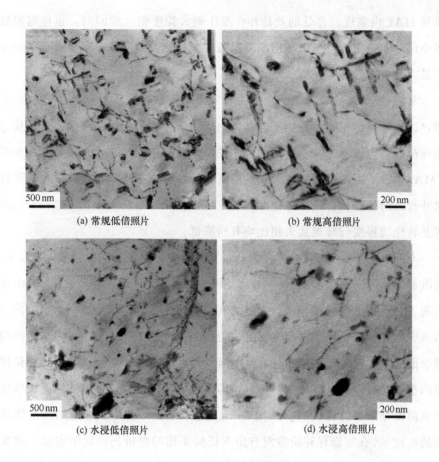

(a) 常规低倍照片　　　　　　　　(b) 常规高倍照片

(c) 水浸低倍照片　　　　　　　　(d) 水浸高倍照片

图 3-9　SZ 的沉淀相分布

会发生[39-41]。但实际上，沉淀相粗化的本身就是一个小尺寸沉淀相发生溶解而大尺寸沉淀相发生长大的竞争过程，这个过程是自发的，在常温下即可进行，升温会对其起到加速的作用。这是因为，不同尺寸的沉淀相的周围与之平衡的基体溶质原子浓度是不同的，沉淀相尺寸越小，其周围基体的溶质原子浓度就越高。所以在温度升高时，溶质原子容易从小尺寸沉淀相周围向大尺寸沉淀相周围迁移，这就破坏了局域平衡。为建立新的浓度平衡，小尺寸沉淀相发生溶解，继而又发生溶质原子的迁移，二者交替进行，直至小尺寸沉淀相完全溶解。温度越高，溶质原子的扩散系数也越大，小尺寸沉淀相溶解的数目随之增多，大尺寸沉淀相的粗化程度也就越高。基于这个原因，常规 HAZ 内靠近晶界处的亚稳相在发生较大程度粗化的同时，也伴随着较多小尺寸亚稳相的溶解，使得晶界附近的亚稳相数量明显减小，并最终增大了晶间无析出带的宽度。

常规 TMAZ 的亚稳相完全消失，只分布着数目较少的块状稳定相，表明该区域的亚稳相同时发生了向基体内的溶解及向稳定相的转变。块状稳定相与母材基体处于完全不共格的位相关系，对基体的强化效果很小。在水浸 TMAZ，除了由亚稳相转化而来的稳定相外，仍存在着具有较低分布密度且尺寸较大的亚稳相，说明亚稳相同时发生了粗化、溶解及转化等过程，但溶解及转化的程度与常规接头相比均有所降低。

不同环境下所得 SZ 的沉淀相分布同样呈现出完全不同的特征。水浸 SZ 的沉淀相几乎全部溶解到基体中，只剩下少量的块状稳定相，常规 SZ 内却出现了一定数量的亚稳相，且大多沿着位错线分布。由于水冷效果对沉淀相的演变起到抑制作用，因而常规 SZ 的亚稳相不会是未完全溶解到基体内的剩余部分，而应是原有亚稳相完全溶解到基体后发生再析出的结果。需要注意的是，焊后冷却过程包含两部分，即由峰值温度冷至室温的区间 Ⅰ 和处于室温保存阶段的区间 Ⅱ。从图 3-9（d）可以看出，处于过饱和固溶体状态的水浸 SZ 在室温保存阶段没有出现任何 θ' 相的再析出，说明室温下溶质原子的扩散速率很低，θ' 亚稳相不易进行形核及长大。由此可知，常规 SZ 的亚稳相再析出主要是在区间 Ⅰ 完成的。再析出位置与母材时效的相析出特征相比也明显不同，亚稳相没有沿基体 {100} 面呈均质析出，而是主要集中在位错线上。作为一种线缺陷，位错具有较高的能量，能够提供形核所需的驱动力，在位错上形核可以松弛一部分位错的畸变能，使形核功减小，其次，位错附近聚集着较多的溶质原子，且位错本身也是溶质原子的快速扩散通道，这些都为亚稳相的形核及其随后的长大提供了有利条件。

Fonda[91] 对处于欠时效状态的 2195 铝合金进行了 FSW 试验，结果发现，在焊后的冷却过程中，SZ 发生了稳定相和 GP 区的再析出。Cabibbo 等人[40] 在 6056-T6 铝合金 FSW 接头的 SZ 发现了焊后再析出的细小稳定相。Su 等人[37] 通过研究 7050-T651 铝合金的 FSW 接头发现，SZ 在焊后冷却过程中发生了较大尺寸的块状稳定相的再析出,且再析出主要集中在位错密度较高的位置。在随后的自然时效中,作者又检测到了 GP 区的形成,说明稳定相的再析出需要较高的温度。Chen 等人[41] 在 2219-T6 铝合金的 FSW 中,没有在 SZ 发现沉淀相的再析出。而在本书中所进行的常规 FSW 中,首次发现了超过母材原始沉淀相尺寸的粗大亚稳相的再析出,析出位置同样集中在位错处。可见,铝合金 FSW 接头的沉淀相演变是一个非常复杂的问题,与铝合金型号、热处理状态及焊接工艺参数等密切相关。本质上,高温所提供的热力学条件和材料剧烈塑性变形所提供的动力学条件是决定 SZ 沉淀相演变行为的关键。

通过以上分析,总结出 FSW 过程中两种焊缝各区的沉淀相演变行为,如表 3-2 所示。由此可见,水介质的引入抑制了焊缝各个区域沉淀相的演变过程。水浸环境对焊缝组织的影响必然会在接头性能上有所体现,这点将在下面予以阐述。

表 3-2 焊缝各区的沉淀相演变

焊缝	HAZ	TMAZ	SZ
常规焊缝	小尺寸亚稳相溶解 大尺寸亚稳相粗化	亚稳相全部发生溶解及向稳定相的转化	亚稳相沿位错线再析出
水浸焊缝	亚稳相粗化程度较低 溶解程度较小	亚稳相部分继续粗化部分发生溶解及向稳定相转化	亚稳相全部发生溶解及向稳定相的转化

3.5 力学性能

3.5.1 硬度分布

图 3-10 给出了接头的硬度分布曲线。对于铝合金而言,沉淀强化、固溶强化、细晶强化和位错强化是影响其硬度分布的四个主要因素,且由于母材处于共格/半共格关系的亚稳相所引起的沉淀强化作用最大[92-94]。当沉淀强化作用消失时,其他强化作用就会成为影响材料力学性能的主要因素。

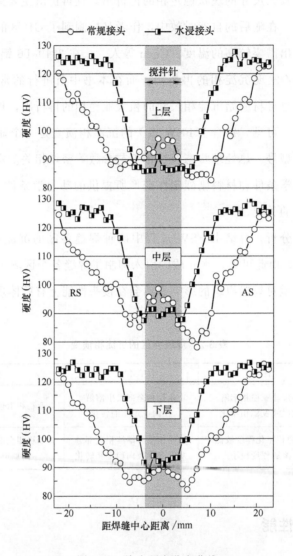

图 3-10 接头硬度分布曲线

由上述可知,FSW 过程中,亚稳相将发生粗化、向稳定相转化和向基体内溶解等一系列变化(本文将这些演变行为统称为"亚稳相恶化")。这些变化能够破坏亚稳相与基体之间的共格/半共格关系,降低对母材的强化效果,因此在常规接头和水浸接头内,都存在一个由 SZ、TMAZ 和 HAZ 所组成的硬度值低于母材的区域,在此称为软化区。由于接头上层受到尺寸较大的轴肩的摩擦搅拌作用,而中层和下层主要受到尺寸较小的搅拌针的作用,因此两种接头的软化区从上到下都逐渐变窄。另外,与常规接头相比,水浸 TMAZ 和 HAZ 的亚稳相恶化程度都降低,因而这两个区域的硬度值都有所提高,导致水浸接头各层的软化区宽度都小于常规接头。

随着到焊缝中心距离的减小,常规接头的 HAZ 的硬度逐渐降低,而在其 TMAZ 和 SZ,硬度又显示出不断增大的趋势。这使得常规接头各层的硬度曲线均呈"W"状分布,且最低硬度值出现在靠近 TMAZ 的 HAZ。由前面分析可知,在常规 TMAZ,沉淀强化作用几乎消失,这个区域硬度值的回升说明由沉淀相溶解所带来的固溶强化、位错增殖所带来的应变强化以及变形晶粒所带来的细晶强化等因素对其性能起到了一定的恢复效果。在 SZ,除了这些因素外,亚稳相的再析出也对硬度的提高起到了一定的作用。

对水浸接头而言,随着到焊缝中心距离的减小,硬度从 HAZ 到 TMAZ 逐渐降低,而在进入 SZ 后又略有升高。最终水浸接头各层的最低硬度值出现在了靠近 SZ 的 TMAZ。正是由于水冷效果对亚稳相恶化的抑制,使得在水浸 TMAZ 内沉淀强化依然是影响硬度分布的主要因素。而对 SZ 而言,沉淀强化作用几乎消失,固溶强化、形变强化和细晶强化等其他因素开始对力学性能起到一定的恢复作用。

与常规接头相比,水浸接头各层的最低硬度值均有所提高,其中上层提高程度最小,而中层和下层的提高程度较大。对比两种接头最薄弱位置处的沉淀相分布可以发现[见图 3-7(a)和图 3-8(b)],水浸接头最薄弱位置的亚稳相恶化程度更大,但同时,由塑性变形所引起的形变强化和细晶强化又在一定程度上恢复了由亚稳相恶化所损失的力学性能,这便是水浸接头最薄弱位置具有较高硬度值的原因。

3.5.2 拉伸性能

3.5.2.1 整体拉伸

图 3-11 为常规接头和水浸接头的拉伸性能对比情况。常规接头的抗拉

强度为 324MPa，而水浸接头的抗拉强度达到了 341MPa，为母材的 79%，说明在水浸环境中进行搅拌摩擦焊接确实能够提高接头的抗拉强度。但与常规接头相比，水浸接头的伸长率有所降低。

常规接头在拉伸时断在了 HAZ，具体位于 HAZ 和 TMAZ 的界面附近，而水浸接头在拉伸时沿着 SZ 与 TMAZ 的界面断裂 [见图 3-11（b）和 (c)]。对比图 3-10 和图 3-11 可知，两种接头的拉伸断裂位置均对应着各自的最低硬度值，表明水浸接头最低硬度值的提高是其具有较高拉伸性能的原因。

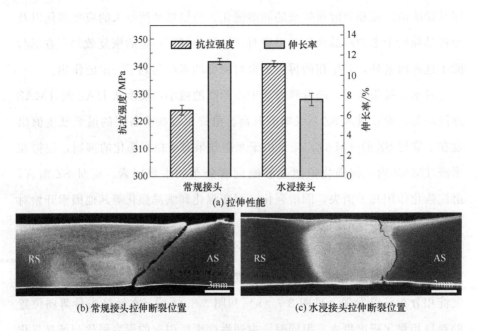

图 3-11 接头拉伸测试结果

图 3-12 为接头的拉伸应变分布曲线。显然，拉伸时两种接头的变形都主要集中在硬度值低于母材的软化区，且硬度值越低的位置，应变量越大，最大应变值即对应着接头的拉伸断裂位置。由组织分析可知，在硬度值较低处，沉淀相与基体的界面结合力也较弱，因而在拉伸时更容易发生变形，产生较大的应变。较"软"的软化区与较"硬"的母材之间的界面对变形材料存在着应力拘束作用，因此软化区宽度对接头塑性有着显著的影响。对于水

浸接头而言，由于软化区较窄，拉伸时能够被开动并参与滑移的晶粒数量就较少，在界面的应力拘束作用下变形材料很快进入加工硬化状态，导致接头进一步发生塑性变形的能力下降，因而接头具有较低的伸长率。

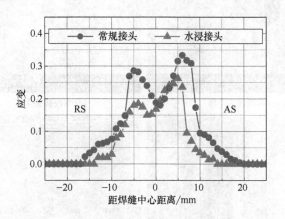

图 3-12　接头拉伸应变分布

为进一步阐明不同环境下所得接头的拉伸性能差异，图 3-13 给出了两种接头拉伸断口的上部、中部和下部的形貌照片。常规接头各部分断口表面均分布着大量细小的等轴状微坑，说明发生了比较充分的塑性变形。与此相比，水浸接头上、中和下三部分之间则呈现出不同的断口形貌。上部断口表面分布着大量的细小韧窝，表明该处发生了明显的塑性变形。中部断口表面呈现出类似解理断裂的台阶面特征，且在台阶面上分布的韧窝也较少，说明该处发生的塑性变形较小。下部断口表面显现出清晰的叠波特征，同时在叠波之间还分布着一定数量的细小韧窝，说明该处仍存在一定程度的塑性变形。从水浸接头各部分的断口形貌可以推断出，拉伸时，裂纹优先在经历最小塑性变形的中部产生，而后向上部和下部扩展，直至断裂。由于水浸接头的软化区较窄，拉伸时变形区受未变形区的应力拘束作用就更大，由此产生的加工硬化在一定程度上降低了软化区的变形能力，因此中部在裂纹的产生、扩展以及到最后的断裂过程中并未发生大量的拉长变形，最终形成了类似解理断裂台阶面的断口形貌。裂纹从中部形成以后，接头的有效承载面积下降，所以在裂纹随后的扩展中，上部和下部发生了一定的塑性变形。

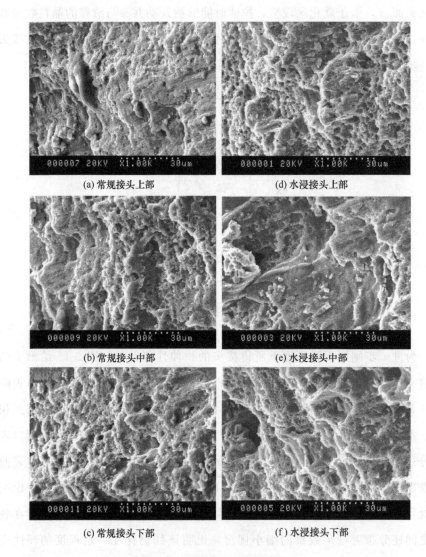

图 3-13 接头拉伸断口形貌

为提高水浸接头的塑性,本书提出了多道搅拌摩擦焊接方法,即在完成如图 3-1(b)所示的一道对接焊缝以后,将搅拌头退回到一道焊缝的初始位置,并向其一侧偏移一定距离,进行同向等长的二道焊接,形成二道焊缝。此后重新将搅拌头退回到一道焊缝的初始位置,并向一道焊缝的另一侧偏移相同的距离,进行同向等长的三道焊接,形成三道焊缝。二道和三道焊接所用参数均与一道焊接相同。偏移距离既要确保下一道焊接不会影响已完成焊缝的力学性能,又要保证标距范围内包含着尽可能宽的水浸焊缝。图3-14给出了不同道次水浸接头的拉伸性能。可见,二道和三道焊接接头的抗拉强度均接近于一道焊接接头,但其伸长率分别达到了12.6%和17.5%,相对于一道焊接接头提高了66%和130%。这说明采用多道焊接的方法能在不改变抗拉强度的前提下显著提高水浸接头的塑性变形能力。

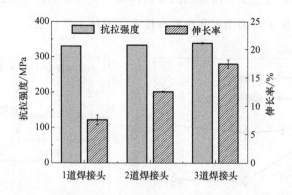

图3-14 不同道次水浸接头的力学性能

3.5.2.2 分层拉伸

除整体拉伸外,本书还进行了接头的分层拉伸测试,以探究水浸冷却对接头厚度方向力学性能分布的影响,试验结果如图3-15所示。可见,常规接头各层之间的抗拉强度相差较大,接头上层的抗拉强度为312MPa,而中层和下层的抗拉强度仅达到292MPa和293MPa。这表明常规接头在厚度方向上存在着较大的力学性能不均匀性,且中层和下层是整个接头的薄弱部位。与常规接头相比,水浸接头各层的抗拉强度都有所提高,其中上层提高的程度最小,而中层和下层提高的程度最大,二者分别提高了20MPa和23MPa,这和硬度测试的结果是相一致的。正是由于接头每层性能的提高,导致接头整体抗拉强度提高了近6%。此外,水浸接头各层之间的抗拉强度比较接近,说明接头在厚度方向上具有比较均匀的力学性能。由此可见,水下FSW不仅能提高接头的整体力学性能，还改善了接头性能的分布均匀性。

分层接头在拉伸时呈现出与整体拉伸相类似的断裂特征。常规接头各层均断在了焊缝两侧距中心线较远的HAZ。相比较而言，水浸接头各层的断裂位置均发生了向焊缝中心线方向的移动，具体位于SZ及其边缘附近，尤其是接头中层，虽然没有与水介质直接接触，但其最薄弱位置同样发生了较大的移动。这说明在水介质强烈的吸热作用下，焊接热循环对接头各层性能的影响程度降低了，因而有利于提高接头的整体力学性能。

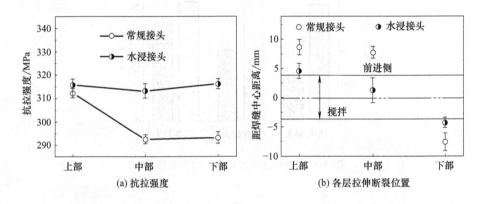

图 3-15 接头分层拉伸结果

由于将被焊工件整体浸入水环境中，充分发挥了水介质的吸热作用，使得焊接过程中不仅通过工件上表面散失热量，而且通过工件侧面和下表面散失热量，从而实现对被焊工件的整体冷却，有效提高了接头薄弱位置（即中层和下层）的性能，进而提高了接头的整体性能。

第4章

水下FSW接头力学性能及其控制

4.1 概述

上一章的研究结果表明，水下FSW对于改善铝合金焊接接头的微观组织和提高其力学性能都具有明显的效果。为了进一步提高FSW接头的力学性能，有必要对水下FSW工艺进行优化。因此，本章首先研究了焊接参数对水浸接头力学性能的影响规律，在此基础上，采用响应面法对水下FSW工艺进行了优化。

4.2 水下FSW接头力学性能

4.2.1 拉伸性能

4.2.1.1 转速的影响

图4-1（a）和（b）为接头力学性能随转速的变化情况。可见，在两种焊速下，随着转速的提高，接头抗拉强度都经历了一个先增大后减小的变化

过程。但这一变化趋势在不同的焊速下又存在差异。在100mm/min的焊速下，当转速由600r/min增大到800r/min时，接头抗拉强度从324MPa提高到了341MPa，达到母材的79%；而在800～1200r/min的转速区间内，接头抗拉强度随着转速的提高保持不变；当转速增大至1400r/min时，SZ内出现了孔洞缺陷［见图4-2（a）和（b）］，抗拉强度开始降低。也就是说，焊速为100mm/min时能在较宽的转速范围内获得高质量的焊接接头。类似的规律在常规FSW中也出现过[95]，所不同的是，与接头最高性能（324MPa）对应的转速区间为400～800r/min，表明在水冷作用下最优转速区间发生了上移。当焊速为200mm/min时，较低（800r/min）和较高（1200r/min）的转速都导致了焊接缺陷的产生，如图4-2（c）和（d）所示，接头在这两个转速下性能都很低。转速从900r/min增大到1000r/min时，接头抗拉强度从347MPa提高到了359MPa，但进一步增大至1100r/min，抗拉强度却降低到了341MPa。这些结果表明，在一定范围内增大转速能够提高接头的抗拉强度，相比较而言，在较高焊速下，不仅形成无缺陷接头的转速范围减小，最大抗拉强度所对应的转速区间也变窄。塑性方面，在低焊速下，无缺陷接头的伸长率随转速的变化几乎保持恒定，而在高焊速下，无缺陷接头的伸长率呈现出先减小后增大的变化趋势。

从图4-1（c）可以看出接头的拉伸断裂特征随转速的变化情况。无论是在低焊速下还是在高焊速下，当转速较低时，无缺陷接头都易从SZ发生断裂（600r/min、100mm/min和900～1000r/min、200mm/min）。随着转速的提高，拉伸断裂位置逐渐移动至距离焊缝中心线较远的TMAZ（800r/min、100mm/min）和HAZ（1000～1200r/min、100mm/min和1100r/min、200mm/min）。当转速增大至一定程度时，SZ内出现了孔洞缺陷，接头从缺陷处发生断裂，导致性能降低。

4.2.1.2 焊速的影响

图4-3给出了接头的拉伸测试结果随焊速的变化情况。在两种转速下，无缺陷接头的抗拉强度随着焊速的提高都逐渐增大，而当缺陷出现后［见

第4章 水下FSW接头力学性能及其控制

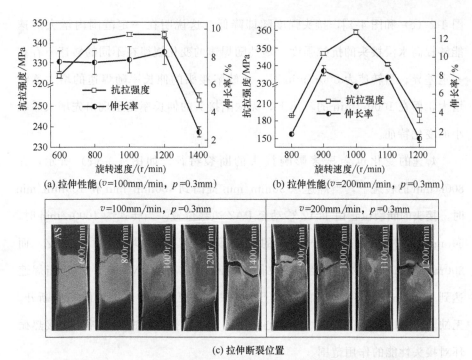

图 4-1 水浸接头的拉伸性能随转速的变化情况

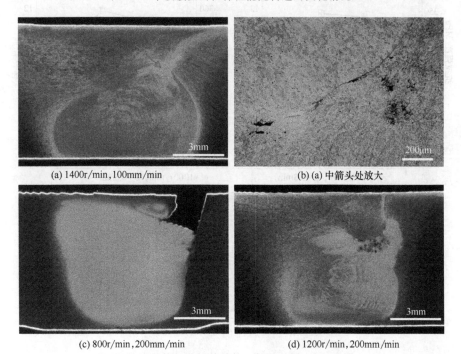

图 4-2 不同工艺参数下所形成的焊接缺陷

图 4-2（c）和图 4-4]，接头强度随即降低。这说明在一定范围内增大焊速能够提高水浸接头的抗拉强度。塑性随焊速的变化规律在不同的转速下存在一定差异。当转速为 800r/min 时，无缺陷接头的伸长率随焊速的增大逐渐增大，而在 1000r/min 的转速下，无缺陷接头的伸长率则呈现出先增大后减小的变化特征。

焊速的变化也会显著影响接头的断裂特征。如图 4-3（c）所示，在 800r/min 的转速下，当焊速从 50mm/min 提高到 100mm/min 和 150mm/min 时，接头的断裂位置由 HAZ 移动至 PAZ 边缘位置。当转速为 1000r/min 时，50mm/min 和 100mm/min 焊速的对应接头在拉伸时均断在了 HAZ，而 200mm/min 焊速的对应接头在拉伸时则断在了靠近 TMAZ 的 SZ；当焊速达到 300mm/min 时，SZ 内出现了孔洞缺陷，接头拉伸时即从缺陷处断开。无缺陷接头的断裂位置向焊缝中心线的移动说明提高焊速能够缩小焊接热循环对接头性能的作用范围。

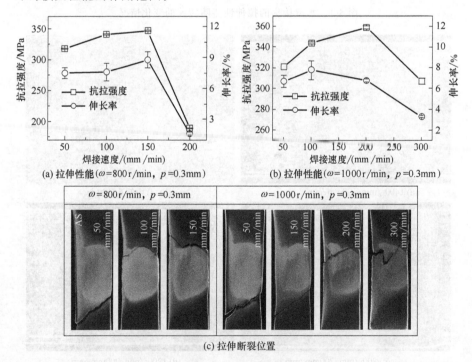

图 4-3 水浸接头的拉伸性能随焊速的变化情况

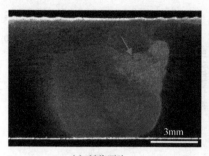 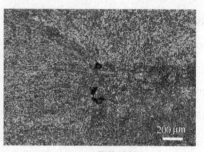

(a) 低倍照片　　　　　　　　　(b) (a)中箭头处放大

图 4-4　转速 1000r/min 焊速 300mm/min 时所形成的孔洞缺陷

4.2.1.3　压深的影响

图 4-5 为接头力学性能随压深的变化情况。当转速为 800r/min 时，较低的压深（0.1mm）会导致孔洞缺陷的产生（见图 4-6），接头具有较差的力学性能；增大压深至 0.2mm 能够消除焊接缺陷，接头力学性能得以明显提高；此后在 0.2～0.5mm 的压深范围内接头的抗拉强度和伸长率都保持不变。无缺陷接头在较低压深（0.2～0.3mm）下易断在 SZ 边缘位置，而在较高压深（0.4～0.5mm）下则断在了 HAZ。当转速为 1000r/min 时，在 0.1～0.5mm 的压深范围内均形成了无缺陷的接头。接头抗拉强度在 0.1～0.4mm 的压深范围内保持不变，而当压深增大至 0.5mm 时有所降低。与 800r/min 转速下类似的是，在所选压深范围内所得接头的伸长率均相同，此外，所有的接头在拉伸时均断在了 HAZ。

4.2.2　硬度分布

工艺参数对拉伸性能的影响实际上都是由其对硬度分布的影响造成的。图 4-7 给出了不同工艺参数下的接头硬度分布情况。

图 4-7（a）和（b）为接头的硬度分布随转速的变化情况。很明显，随着转速的提高，SZ 的硬度逐渐增大，在搅拌针外侧，TMAZ 的硬度变化并

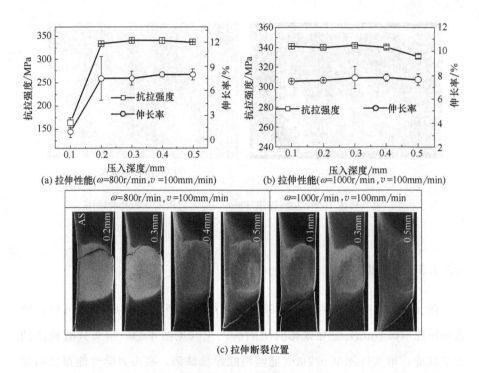

图 4-5　水浸接头的拉伸性能随压深的变化情况

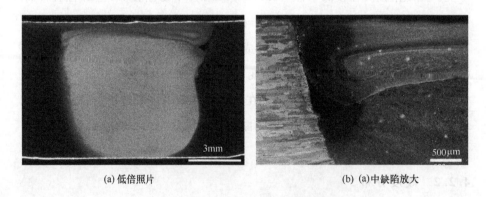

图 4-6　较低压深下所形成的焊接缺陷

不显著，而 HAZ 的硬度明显降低，导致接头的软化区宽度逐渐增大。这说明增大转速既有助于提高 SZ 的性能，又会降低 HAZ 的性能。此外，接头的最低硬度值随着转速的变化也呈现出显著的变化趋势。对于 100mm/min

的焊速而言，在转速由 600r/min 增大至 1400r/min 的过程中，最低硬度值位置逐渐由 SZ（600r/min）移动至 TMAZ（800r/min）和 HAZ（1000~1400r/min）。从 600r/min 到 800r/min，最低硬度值有明显提高，而在 800~1200r/min 的转速区间内，最低硬度值保持不变，当转速提高到 1400r/min 时，最低硬度值则开始降低。在较高的焊速下（200mm/min），接头的硬度分布随转速的变化呈现出与低焊速下相类似的变化规律，所不同的是，此时与较高薄弱区域硬度值对应的转速区间变窄。这是因为，低焊速下搅拌头在单位焊缝上的停留时间较长，由转速增大所增加的焊接热输入能够有充分的时间被水介质吸收，因而焊接热循环在接头最薄弱位置处的作用可以在较大的转速范围内维持稳定。而在高焊速下，水介质在单位焊缝长度上的冷却作用减弱，接头最低硬度值对转速变化所带来的热输入的变化也就更为敏感。

在两种转速下，当焊速由 50mm/min 提高至 100mm/min 时，焊缝各个区域的硬度都明显提高；继续增大焊速，SZ 与 TMAZ 的硬度变化较小，而 HAZ 的硬度仍会增大，使得接头软化区宽度进一步变窄。此外，两种转速下接头的最低硬度值随焊速呈现出相同的变化趋势。当焊速较低时（50mm/min），最低硬度值位于 HAZ，随着焊速的增大，最低硬度值逐渐移动至 SZ 边缘位置并有所提高。可见，在一定范围内增大焊速，有助于提高接头各个区域的性能，进而改善接头的整体拉伸性能。

图 4-7（e）和（f）为接头的硬度分布随压深的变化情况。在两种转速下，随着压深的增大，接头的软化区宽度均逐渐增大，导致其最低硬度值向焊缝外侧移动。在 800r/min 的转速下，接头最低硬度值随压深的变化保持不变；而在 1000r/min 的转速下，当压深增至 0.5mm 时，最低硬度值有所降低。搅拌头作用下的材料塑性流动程度以及焊接热输入都与轴肩压深密切相关。压深较低时，材料塑性流动不充分，容易引起焊接缺陷；而当压深增大至一定值时，过高的热输入又会降低 HAZ 的性能。

对比图 4-1、图 4-3、图 4-5 和图 4-7 可以发现，无缺陷接头在拉伸时均断在了最低硬度值或其附近位置，这也正是无缺陷接头的抗拉强度与最低硬度值随工艺参数的变化呈现出相同变化规律的原因。

需要注意的是,所有工艺参数下的硬度曲线都具有一个共同特点,即在软化区宽度增大的同时,SZ 与接头最薄弱位置处的硬度值之差也逐渐增大,而这两个变化过程对接头塑性的影响趋势正好相反。由图 3-12 可知,接头

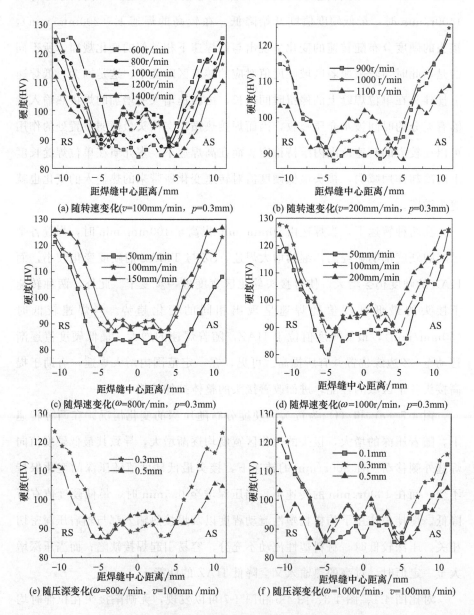

图 4-7 水浸接头的硬度分布随工艺参数的变化情况

拉伸时的塑性变形主要发生在软化区，尤其是最薄弱位置处，因此，软化区宽度越大，拉伸时参与变形的材料就越多，越有利于提高接头的塑性。但在 SZ 与最薄弱位置处的硬度值之差较大的情况下，最薄弱位置就会受到较强的应力拘束作用，从而降低了该处的塑性变形能力。也就是说，接头最终的塑性是这两个因素综合作用的结果。而这一综合作用随工艺参数的变化情况尤为复杂，这也正是在不同焊速下改变转速时无缺陷接头的伸长率呈现出不同变化规律的原因。对塑性随焊速及压深的变化趋势的解释与此相同。

4.3 水下 FSW 工艺优化

在力学性能研究的基础上，采用响应面法，对水下 FSW 工艺进行优化，以期得到最佳工艺规范及最大接头力学性能。

4.3.1 基于 Box-Behnken 试验设计的响应面法

响应面法（response surface methodology，RSM）是一种用于试验分析的数理统计方法。通过建立因素和响应值之间的回归关系，可以实现试验工艺的优化，并得出各因素对响应值的影响规律[96-98]。

采用基于 Box-Behnken 试验设计的响应面模型来进行水下 FSW 的工艺优化。Box-Behnken 试验设计（Box-Behnken Design，BBD）是由 Box 和 Behnken 于 1960 年提出的一种三因素三水平的响应面设计方法。试验数据节点由三个 2^2 的析因设计和中心点组成[96]，如图 4-8 所示。试验次数 $N=2k(k-1)+C_0$，k 为因素数，C_0 为零水平（即中心点）试验次数。零水平试验主要用于对回归方程的拟合精度进行检验，要求大于等于 2。

BBD 对每个因素的每个水平都进行了编码处理，保证它们在编码空间里具有平等性，从而消除了各因素取值大小和单位对回归计算的影响。表 4-1 给出了因素为三水平时的编码值与真实值的对应关系。由于 BBD 具有旋转性，使得编码空间的各个方向在被回归方程预测时能够得到等精度的估

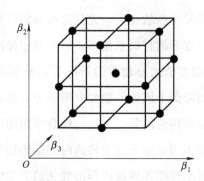

图 4-8　Box-Behnken 试验设计的数据节点分布

计，从而有利于最优响应值的确定。对于二阶模型的预测，BBD 通常显示出较高的运算效率。

表 4-1　因素编码值与真实值的对应关系

编码值 β	真实值
-1	$x_{\min}$
0	$(x_{\max}+x_{\min})/2$
$+1$	$x_{\max}$

4.3.2　工艺过程

影响水浸接头抗拉强度（TS）的因素有三个，即转速（ω）、焊速（v）和压深（p）。在优化过程中，应保证在所选因素范围内不产生任何焊接缺陷。前面研究表明，转速等于 800r/min 时，焊速达到 200mm/min 即会产生焊接缺陷，因此将转速最低值定为 900r/min，以增大焊速的可选择范围。同时，在转速 1200r/min、焊速 200mm/min 的参数下，接头内部出现了孔洞缺陷，因此将转速的上限定为 1100r/min。最终确定的转速范围即为 900~1100r/min。由图 4-4 可知，当转速为 1000r/min 时，焊速增大到 300mm/min 会产生孔洞缺陷，由此将焊速的上限定为 250mm/min；而在低于 100mm/min 的焊速下所得接头的抗拉强度又较低，因此焊速的下限取为 150mm/min。一定的轴肩压深能够保证搅拌头对被焊材料施加充分的锻压作用并形成致密焊缝，压深较低时，搅拌头对被焊材料施加的锻压力不足，材料塑性流动不充分，从而易导致缺陷的产生；而过高的压深又会增大焊接热输入，降低接头性能。图4-5表明，在0.2～0.4mm的压深范围内容易得到优质的焊接接头。表4-2给出了各试验因素及水平设计。

BBD中心点试验次数选定为3，因此总试验次数为15。根据表4-2的因素水平设计得出如表4-3所示的试验参数表，据此进行水下FSW试验，得出各组参数的抗拉强度响应值。

表4-2 试验因素及水平设计

工艺参数	因素	水平		
		低(−1)	中(0)	高(+1)
转速 ω/(r/min)	β_1	900	1000	1100
焊速 v/(mm/min)	β_2	150	200	250
压深 p/mm	β_3	0.2	0.3	0.4

表4-3 试验结果

序号	因素编码值			工艺参数			抗拉强度 TS/MPa
	β_1	β_2	β_3	ω/(r/min)	v/(mm/min)	p/mm	
1	−1	−1	0	900	150	0.3	339
2	1	−1	0	1100	150	0.3	339
3	−1	1	0	900	250	0.3	349
4	1	1	0	1100	250	0.3	342
5	−1	0	−1	900	200	0.2	347
6	1	0	−1	1100	200	0.2	342
7	−1	0	1	900	200	0.4	347
8	1	0	1	1100	200	0.4	340
9	0	−1	−1	1000	150	0.2	339
10	0	1	−1	1000	250	0.2	356
11	0	−1	1	1000	150	0.4	343
12	0	1	1	1000	250	0.4	352
13	0	0	0	1000	200	0.3	356
14	0	0	0	1000	200	0.3	357
15	0	0	0	1000	200	0.3	359

4.3.3 响应模型的拟合及其精度分析

采用 Design-Expert 软件对试验结果进行分析。软件可以根据试验数据特征来自动选择最优的响应模型阶次。表 4-4 列出了各阶次拟合模型的分析结果。利用 F 检验来评价各阶次回归模型的显著性，即对给定的显著性水平 α，当所计算出的 F 值大于 $F_\alpha(\mathrm{d}f_t,\mathrm{d}f_e)$，也就是 P 值小于 α 时，则认为该项是显著的，且 F 值越大或 P 值越小，则显著性越强。可见，二阶模型具有最大的 F 值，且 P 值最小，远低于 1% 的显著性水平，说明二阶模型具有更高的回归显著性。

表 4-4 模型阶次选择

变异来源	平方和	自由度	均方	F 值	P 值	备注
平均值	1807523	1	1807523			
线性项	235.75	3	78.58333	1.70839	0.2227	
两因素交互项	29.25	3	9.75	0.163613	0.9179	
平方项	447.3167	3	149.1056	25.34372	0.0019	√
立方项	24.75	3	8.25	3.535714	0.2283	
残差	4.666667	2	2.333333			
总变异	1808265	15	120551			

三因素的二阶响应模型可以用下式表达：

$$y=b_0+\sum_{i=1}^{3}b_ix_i+\sum_{i=1}^{3}\sum_{j=i+1}^{3}b_{ij}x_ix_j+\sum_{i=1}^{3}b_{ii}x_i^2 \tag{4-1}$$

式中，b_0 为常数项；b_i 为一次项系数；b_{ij} 为交互项系数；b_{ii} 为二次项系数。据此可将由焊接工艺参数所描述的抗拉强度写为：

$$TS=b_0+b_1\omega+b_2v+b_3p+b_{12}\omega v+b_{13}\omega p+b_{23}vp+b_{11}\omega^2+b_{22}v^2+b_{33}p^2 \tag{4-2}$$

对表 4-3 所示的试验结果进行回归分析，就可以得出各项系数，进而得到响应模型为：

$$TS = -804.88 + 1.92\omega + 1.49v + 370p - 3.5\times 10^{-4}\omega v - 0.05\omega p - 0.4vp$$
$$-9.29\times 10^{-4}\omega^2 - 2.32\times 10^{-3}v^2 - 404.17p^2 \tag{4-3}$$

表 4-5 给出了模型的方差分析结果。同样，利用 F 检验来评价回归模型各项的显著性。本试验中显著性水平 α 选定为 0.05，因此，当 P 值小于 0.05 时，即认为该项是显著的。很明显，响应模型达到显著水平，说明接头抗拉强度与工艺参数之间存在显著的回归关系。除了压深 p 和所有交互项（ωv、ωp 和 vp）外，其余各项因子都达到了显著性水平。同时，模型的失拟性是不显著的，表明不存在其他能够影响回归分析的不可忽略的因素，即现有模型的选择是合理的。

表 4-5 二阶多项式的方差分析结果

变异来源	平方和	自由度	均方差	F 值	P 值	显著性
模型	712.31667	9	79.146296	13.452628	0.0053	显著
ω	45.125	1	45.125	7.6699717	0.0394	显著
v	190.125	1	190.125	32.315864	0.0023	显著
p	0.5	1	0.5	0.0849858	0.7824	不显著
ωv	12.25	1	12.25	2.082153	0.2086	不显著
ωp	1	1	1	0.1699717	0.6972	不显著
vp	16	1	16	2.7195467	0.1600	不显著
ω^2	318.77564	1	318.77564	54.182829	0.0007	显著
v^2	123.85256	1	123.85256	21.051427	0.0059	显著
p^2	60.314103	1	60.314103	10.251689	0.0239	显著
残差	29.416667	5	5.8833333			
失拟项	24.75	3	8.25	3.5357143	0.2283	不显著
纯误差	4.6666667	2	2.3333333			
总变异	741.73333	14				

通过分析残差的散点图及预测值和真实值的对应关系，可以直观地验证回归模型的精度。从图 4-9 可以看出，试验各点残差的正态概率几乎沿一条

直线分布，说明残差呈现出较好的正态性分布特征。作为一种误差，残差是不能被回归模型所解释的变异部分，残差分布的正态性说明在模型预测时所产生的误差是随机的，即所建模型能够合理地反映试验数据的内在结构。模型预测值与试验真实值的对应关系（见图 4-10）表明，所有数据点的预测残差均在真实值的±0.4%范围内，说明回归模型具有较高的预测精度。

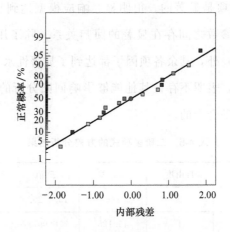

图 4-9　残差的正态分布图

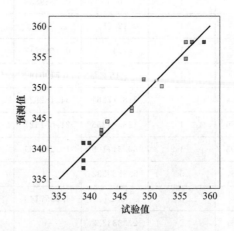

图 4-10　预测值与试验值的对应关系

这一模型的建立具有重要意义。首先，根据各因素 F 值的大小，可得出其对响应值影响程度的主次关系。由表 4-5 可知，转速、焊速和压深对抗拉强度影响的显著性排序为：$v>\omega>p$。其次，通过这一因素和响应值之间的函数关系，就可以在所选参数范围内，对任意工艺参数组合下的接头抗拉强度做出预测。最后，利用这一模型可以对焊接工艺进行优化，得出最优工艺参数和最大力学性能。

4.3.4 响应面和等高线图

分析因素与响应值之间的响应面及等高线图，不仅能更加全面地了解工艺参数对抗拉强度的影响规律，还可以确定模型的极值点特征，从而实现对工艺的优化。图 4-11（a）和（b）是在压深为 0.3mm 的情况下，转速和焊速对接头力学性能的影响情况。在焊速不变的情况下提高转速，抗拉强度呈现出先增大后减小的变化特征，而在转速固定时提高焊速，接头抗拉强度逐渐升高并趋于稳定。图 4-11（c）和（d）显示了焊速为 200mm/min 的情况下，转速和压深对接头力学性能的影响情况。可见，转速固定的情况下提高压深或在压深固定的情况下提高转速，抗拉强度都经历了一个先增大后减小的变化过程，但是比较而言，转速变化所引起的接头抗拉强度的改变更为明显。图 4-11（e）和（f）为转速 1000r/min 时，焊速和压深对接头力学性能的影响情况。在压深固定的情况下提高焊速，抗拉强度逐渐提高并趋于稳定；而在焊速固定的情况下提高压深，抗拉强度经历了一个先增大后减小的变化过程，但变化幅度相对较小。

从转速与焊速、转速与压深的共同作用对接头性能的影响来看，在所选范围内的任一焊速或压深下，当转速过低或过高时都难以得到高强度的焊接接头，而当转速趋于中间值（1000r/min）时，容易得到较高的抗拉强度。

从焊速与转速、焊速与压深的共同作用对接头性能的影响来看，在所选范围内的任一转速或压深下，较高的焊速（200~250mm/min）容易得到高强度的焊接接头。这与前面的研究结果是一致的。高焊速下焊接热循环对接头性能的影响程度降低，从而有助于改善接头的力学性能。

从压深与转速、压深与焊速的共同作用对接头性能的影响来看，在所选范围内的任一转速或焊速下,压深的变化所导致的抗拉强度的改变程度与转速和焊速相比都较小。但比较而言,0.3mm 的压深容易得到较高的抗拉强度,这是因为压深过低会导致轴肩的锻压作用下降,进而影响焊缝的致密性,而过高又会在一定程度上增大焊接热输入。

任意两个因素的响应面都对应着一个极大值,说明在所得响应关系式中存在极大值。对式(4-3)进行求导,并令导数值等于零,则可求出抗拉强度的极大值及其对应的工艺参数,结果如表 4-6 所示。在所优化的工艺参数下进行 FSW 试验,对比所得抗拉强度的试验值和预测值,发现二者非常接近,证明预测值具有较高的准确性。

表 4-6 优化的水下 FSW 工艺

最优工艺参数		抗拉强度 TS/MPa	
		预测值	试验值
转速 $\omega/(r/min)$	980	360	358
焊速 $v/(mm/min)$	220		
压深 p/mm	0.3		

4.3.5 与常规 FSW 最优工艺对比

在我们前面的工作中,对本书所用母材也进行了空气环境下的搅拌摩擦焊接研究,并优化得出接头的最大抗拉强度为 340MPa[95]。而本文所得的水浸接头的最大抗拉强度比这一结果高出了近 6%,说明水介质的冷却作用能够在常规最优工艺的基础上进一步提高接头的力学性能。Fratini 等人[84]的研究证实了冷却介质对于提高铝合金 FSW 接头性能的可行性,但其结果是在与常规接头相同的工艺参数下取得的。本书中结果证明,通过优化冷却介质作用下的 FSW 工艺,能够在常规 FSW 最优工艺的基础上进一步降低焊接热循环对接头性能的不利影响。显然,这对铝合金的优质连接具有重要意义。

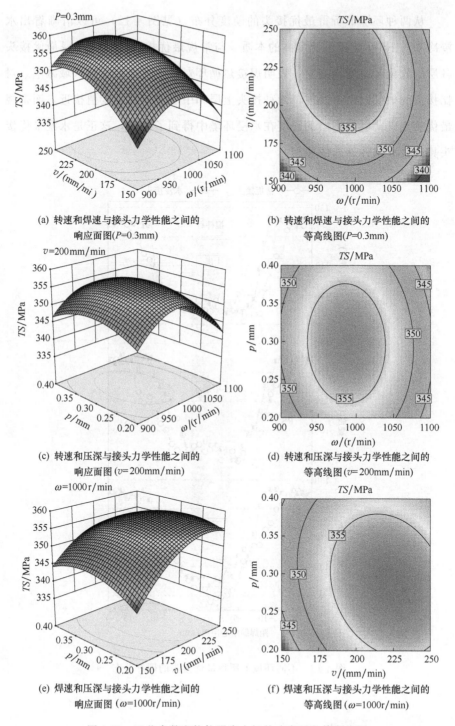

图 4-11　工艺参数和抗拉强度之间的响应面和等高线图

从两种环境下所得最优接头的硬度分布（见图 4-12）可以清晰看出水浸冷却对 FSW 接头性能提高的本质。与常规最优接头相比，水浸最优接头各层的软化区宽度均变窄，表明焊接热循环对接头性能的影响区域减小。对比接头的最低硬度值发现，两种接头上层和中层的最低硬度值接近，而常规最优接头最薄弱的下层的硬度在水浸环境中得到了提高，这正是水浸最优接头具有较高拉伸性能的原因。

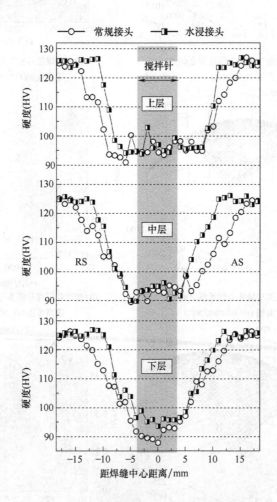

图 4-12　不同环境下所得最优接头的硬度分布

第 5 章

水下FSW接头的组织演变规律及缺陷形成机理

5.1 概述

对无缺陷接头而言,接头性能与其微观组织密切相关,而当缺陷出现时,接头性能则往往会受到显著影响。因此,阐明接头微观组织演变规律及缺陷形成机理对于获得优质接头、深入理解 FSW 接头的形成机制具有重要作用和意义。

根据第 4 章的研究结果可知,转速和焊速是影响水浸接头力学性能的主要因素,因此,本章首先研究了水浸接头的微观组织随转速和焊速的演变规律,以揭示水下 FSW 微观组织和力学性能的相关性;其次,全面阐述了水浸接头的缺陷特征,并对其形成机理进行了深入分析。

5.2 微观组织演变规律

本节将从晶粒、位错和沉淀相等三方面来阐述水浸接头的微观组织随转速和焊速的演变规律。在转速变化时,焊速和压深分别固定在 100mm/min

和 0.3mm，而在焊速变化时，转速和压深则分别固定在 800r/min 和 0.3mm。

5.2.1 转速对微观组织的影响

5.2.1.1 晶粒形态

图 5-1 为焊缝各区晶粒形态随转速的变化情况。在 600r/min 到 1200r/min 的转速区间内，SZ 的晶粒尺寸随着转速的提高而逐渐增大，但当转速从 1200r/min 增大至 1400r/min 时，晶粒尺寸却保持不变。动态再结晶晶粒的尺寸由材料塑性变形程度和温度来共同决定，因此有关这一变化规律的具体原因将在下一章中结合温度场的模拟结果进行详细解释。

在 TMAZ，变形晶粒的长轴方向与母材的初始轧制方向存在一定的角度，且该角度随着转速的增大而逐渐增大。FSW 中，位于前进侧的 SZ 材料向上流动，在这部分材料的黏滞力的带动下，与之直接接触的 TMAZ 材料就会发生向上的拉长变形[60,99-101]。当转速较大时，焊接热输入较高，TMAZ 材料就具有较好的塑性变形能力，且此时搅拌头与被焊材料的相互作用程度也较大，因而 TMAZ 晶粒发生的向上拉长变形就更为显著。

HAZ 没有塑性变形发生，仅受到焊接热循环的影响，显然，转速增大所增加的热输入并未引起 HAZ 内的晶界迁移，因此不同转速下的 HAZ 具有相似的晶粒形态。

5.2.1.2 位错及沉淀相

提高转速增强了搅拌头对被焊材料的搅拌作用，导致 SZ 的位错密度随转速的增大而逐渐增大，如图 5-2（a）和（c）所示。从放大照片可以看出，对于在 600~1200r/min 区间内所得的 SZ 而言，内部的亚稳相在高温热循环的作用下均已发生了向稳定相的转变或向基体内的溶解，而仅剩下了部分未溶解的块状稳定相。转速越高，焊接热输入越大，搅拌头对沉淀相的搅拌破碎作用也越强，SZ内余下的稳定相的数量和尺寸也就越小［见图5-2（b）和（d）］。

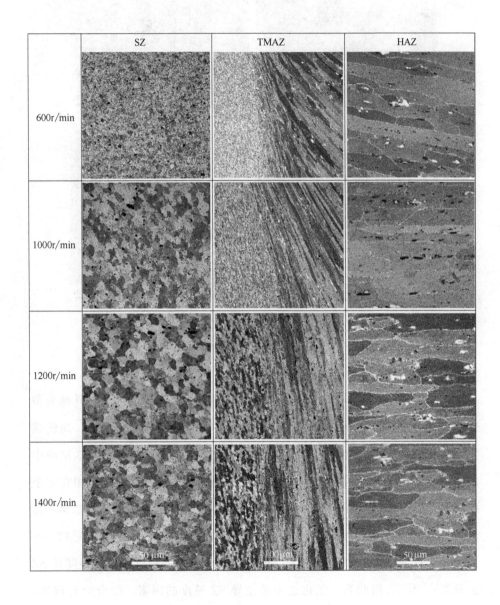

图5-1　不同转速下所得的焊缝各区晶粒形态

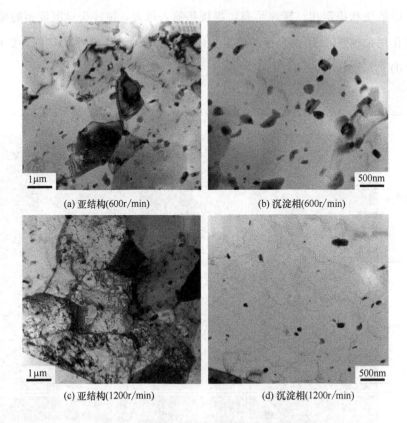

(a) 亚结构(600r/min)　　　(b) 沉淀相(600r/min)

(c) 亚结构(1200r/min)　　　(d) 沉淀相(1200r/min)

图 5-2　不同转速下 SZ 的亚结构及沉淀相

图 4-7（a）和（b）显示，SZ 的硬度随转速的提高而增大。在其他类型铝合金的常规 FSW 中也发现了类似的现象[102-104]，研究人员认为，高转速下亚稳相的焊后再析出程度较高，导致 SZ 具有较高的硬度。但就本试验中所得的所有 SZ 而言，在水介质强烈的冷却作用下，其内部的亚稳相在完全溶入基体后均未发生再析出，即沉淀强化作用已近乎消失，因而亚稳相不是影响 SZ 硬度的主要因素。由图 5-1 可知，当转速由 600r/min 增大至 1200r/min 时，SZ 的晶粒尺寸逐渐增大，根据 Hall-Petch 关系可知，这将降低 SZ 的硬度[105,106]，因此晶界强化也不是主导 SZ 硬度的因素。综合分析得出，转速提高所导致的位错密度的增大即是 SZ 硬度提高的主要原因。虽然位错对铝合金的硬度贡献较小，但从本书的研究结果来看，在沉淀强化效果几乎

消失的情况下，它仍可以成为影响材料性能的主要因素。

在较低转速下（600r/min），TMAZ 的回复亚晶尺寸较小，且亚晶内的位错密度也较低［见图 5-3（a）］。当转速提高时，焊接热输入增大，亚晶发生明显的长大，同时材料的塑性变形程度也随之提高，导致 TMAZ 的位错密度也显著增大［见图 5-3（c）］。放大照片显示，在不同的转速下，TMAZ 内沉淀相的形态及分布也存在较大差异。转速为 600r/min 时，TMAZ 内分布着大量的亚稳相［见图 5-3（b）］，与母材相比，这些亚稳相发生了粗化［直径（67.6±14.9）nm，厚度（16.9±4.2）nm］；而在较高的 1200r/min 转速下，TMAZ 内亚稳相已经完全消失，仅剩下少量的块状稳定相［见图 5-3（d）］。

图 5-3　不同转速下 TMAZ 的亚结构及沉淀相

可见，转速的增大提高了 TMAZ 内亚稳相的恶化程度，从而削弱了沉淀相对基体的强化作用。与此同时，位错密度的增大以及由沉淀相溶解所带来的固溶强化作用又都在一定程度上恢复了材料的力学性能。各因素的综合作用使得不同转速下 TMAZ 的硬度几乎相同。

在转速由 600r/min 增大到 1200r/min 的过程中，HAZ 的亚稳相粗化程度逐渐提高，同时晶间无析出带的宽度也逐渐增大（见图 5-4）。正是由于这些变化，HAZ 的硬度值随转速的增大而逐渐降低，并导致接头的最薄弱位置由 SZ 移动至 HAZ。

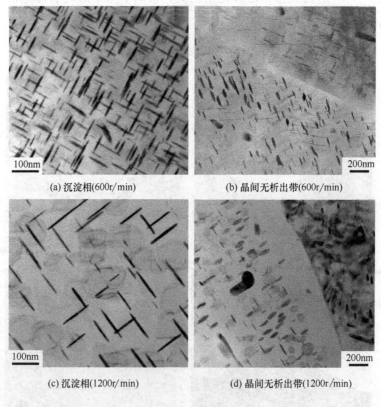

(a) 沉淀相(600r/min)　　(b) 晶间无析出带(600r/min)

(c) 沉淀相(1200r/min)　　(d) 晶间无析出带(1200r/min)

图 5-4　不同转速下 HAZ 的沉淀相及晶间无析出带

对比不同转速下接头最薄弱位置处的组织可以解释接头力学性能随转速的变化规律。由图 5-2（a）和图 3-8（b）可知，600r/min 转速下接头最薄弱位置处的亚稳相已经消失，而 800r/min 转速下接头最薄弱位置依然分布着一定数量的亚稳相，因此当转速由 600r/min 提高到 800r/min 时，接头抗拉强度有所提高。与 1200r/min 的转速相比，虽然 800r/min 转速下接头最薄弱位置的亚稳相恶化程度相对较高［见图 3-8（b）和图 5-4（c）］，但形变强化和固溶强化作用对该处的力学性能起到了一定的补偿作用，因而具有和 1200r/min 转速下相同的接头抗拉强度。

通过以上分析发现，本质上，转速对接头力学性能的影响就是其对焊接热循环和材料塑性变形影响的综合体现。提高转速时，焊接热循环与材料塑性变形同时提高，前者会通过亚稳相的恶化降低接头性能，而后者则通过增强形变强化和细晶强化效果来提高接头性能。因此，当其他工艺参数固定时，最佳转速实际上是一个临界值（或区间），在低于这个值（或区间）的转速范围内，塑性变形对力学性能的影响起主导主用，此时提高转速会提高接头的性能；在高于这个值（或区间）的转速范围内，焊接热循环对接头性能的影响起主导作用，因而提高转速就会降低接头的性能。在最佳转速下，原始母材在搅拌头的热机综合作用下性能损失最小，接头的抗拉强度也就最大。虽然在铝合金的常规 FSW 中，也得出过接头性能随转速的这种变化规律[107-110]，但本书首次从微观组织的角度对这一变化规律进行了解释。

5.2.2 焊速对微观组织的影响

5.2.2.1 晶粒形态

图 5-5 给出了不同焊速下焊缝各区的晶粒形态。对 SZ 而言，当焊速由 50mm/min 提高到 200mm/min 时，热输入逐渐降低，导致等轴晶粒的尺寸逐渐减小。随着焊速增大，TMAZ 晶粒向上拉长变形的程度降低，使得晶粒的长轴方向与原始母材轧制方向的夹角逐渐减小。其原因与改变转速时的情况类似，即由 TMAZ 材料塑性流动能力的降低以及搅拌头与 TMAZ 材料相互作用时间的缩短造成的。当焊速过高时（200mm/min），正是由于 TMAZ 材料向上的流动性较差，不能与返回到前进侧的 SZ 材料充分混合，

致使在 SZ/TMAZ 界面处形成了沟槽缺陷 [见图 4-2（c）]。与转速变化时相同，不同焊速下的 HAZ 也具有相似的晶粒形态。

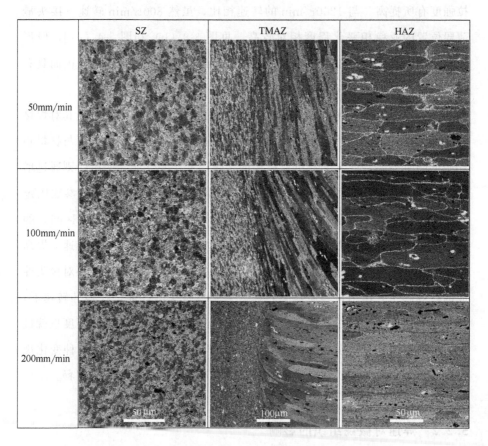

图 5-5　不同焊速下所得的焊缝各区晶粒形态

5.2.2.2　位错及沉淀相

图 5-6 为不同焊速下 SZ 的 TEM 照片。可见，在两种焊速下，SZ 的温度都足够高，使亚稳相几乎全部溶解到了基体内，只留下少量的块状稳定相。由图 5-6（a）和（c）可以看出，与增大转速时的情况相同，当焊速提高时，SZ 的位错密度也随之增大。焊速的增大会减小搅拌头在单位焊缝长度上的热输入，从而抑制了位错的回复过程，提高了位错密度。Feng 等

人[111]在进行2219铝合金的水下FSP试验中,也发现了同样的位错密度随焊速的变化规律,作者认为这是由再结晶程度逐渐降低所造成的。硬度分析结果显示,在一定范围内提高焊速有助于改善SZ的性能[见图4-7(c)和(d)];从组织分析结果来看,这实际上是晶粒细化和位错密度提高共同作用的结果。

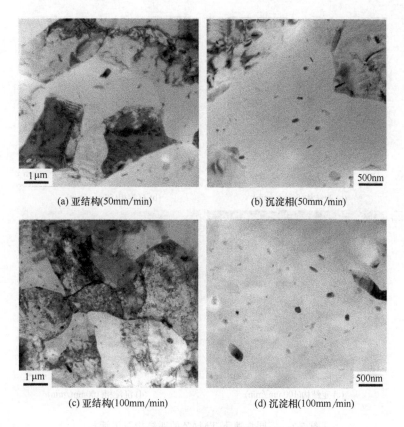

(a) 亚结构(50mm/min)　　(b) 沉淀相(50mm/min)

(c) 亚结构(100mm/min)　　(d) 沉淀相(100mm/min)

图5-6　不同焊速下SZ的亚结构及沉淀相

与SZ的情况类似,当焊速较低时,TMAZ的位错密度也较低,这也是低焊速下位错发生较大程度回复的结果,如图5-7(a)所示,在50mm/min焊速下的亚晶内可以看到清晰的回复结构。与此相比,在100mm/min的焊速下,回复程度降低,TMAZ内仍分布着较高密度的位错。图5-7(b)和(d)显示了沉淀相的分布情况。低焊速下,几乎全部的亚稳相都发生了向基体内的溶解及向稳定相的转化，TMAZ 内只分布着少量的大块稳定相；而在较高的焊速下，焊接热输入减小，亚稳相的溶解和转化程度降低，因而 TMAZ 内仍分布着一定数量的亚稳相，且由亚稳相转化而来的块状稳定相的尺寸也较小。正是由于位错回复程度和亚稳相恶化程度的降低，使得高焊速下的 TMAZ 具有较高的硬度［见图 4-7（c）和（d）］。

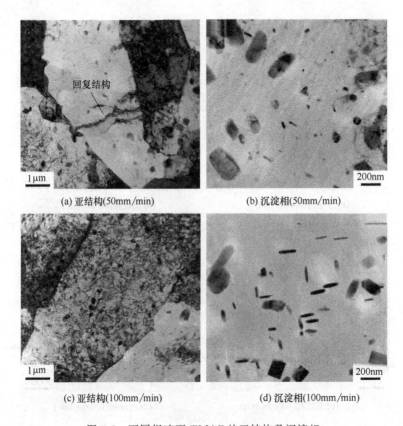

图 5-7　不同焊速下 TMAZ 的亚结构及沉淀相

当焊速为 50mm/min 时，HAZ 内亚稳相的直径和厚度分别达到了（90.7±22.9）nm 和（20.9±5.9）nm，与母材相比发生了较大程度的粗化。其较低的分布密度再次证明在粗化的同时还发生了向基体内的溶解，由于这个原因，在晶界处已经看不到明显的晶间无析出带边界［见图 5-8（b）］。在 100mm/min 的焊速下，HAZ 内亚稳相的粗化程度明显降低，分布密度也相对较高，同时晶间无析出带的宽度也较小，说明增大焊速能有效地降低 HAZ 内亚稳相的粗化和溶解程度。

对比不同焊速下接头最薄弱位置处的组织可以深入理解焊速对接头性能影响的本质。焊速较低时，HAZ 的亚稳相发生了较大程度的粗化和溶解，如在常规 FSW 中经常出现的情况，HAZ 即为接头的最薄弱位置。增大焊速有效抑制了 HAZ 内亚稳相的恶化，提高了 HAZ 的硬度，使接头最薄弱位置沿着焊缝中心线方向移至 SZ 边缘处。对比图 5-7（d）和图 5-8（a）发现，尽管高焊速下接头最薄弱位置的亚稳相粗化和溶解程度更大，但由塑性变形所引起的性能恢复效果使得该处反而具有更高的硬度。此后继续提高焊速，不仅能抑制最薄弱位置的位错回复，还降低了该处亚稳相的恶化程度，接头性能得以进一步提高。但当焊速过高时会引起缺陷的产生，此时接头的力学性能由缺陷来决定。

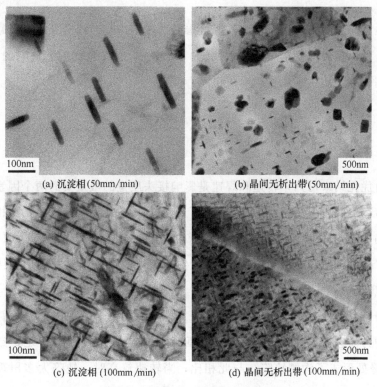

图 5-8 不同焊速下 HAZ 的沉淀相及晶间无析出带

可见，改变焊速对接头性能的影响主要是通过改变焊接热输入来实现的。提高焊速不仅可以细化焊缝组织，还能降低位错的回复程度和亚稳相的恶化程度，因而有利于焊缝各个区域性能的提高，并最终改善了接头整体的力学性能。

综合本节研究我们得出，转速对于接头性能的提高是通过增强材料的塑性变形来实现的，而焊速对接头性能的提高是通过降低焊接热输入来实现的。在不导致 HAZ 内亚稳相发生显著粗化和溶解的前提下尽可能地提高转速可以提高 SZ 的力学性能，而在不产生焊接缺陷的前提下尽可能地提高焊速则可以抑制变形区内位错的回复以及 TMAZ 和 HAZ 内亚稳相的恶化。正因为如此，接头最大抗拉强度出现在了第 4 章所优化的参数上。

5.3 缺陷的特征及形成机理

在第 4 章的研究中发现，当焊接参数选择不当时，就会导致焊接缺陷的出现，以致显著降低接头的力学性能。因此，本节首先分析了缺陷的特征，在此基础上，阐述了缺陷的形成机理。

5.3.1 水浸接头的缺陷特征

由优化结果可知，转速和焊速是影响接头质量的最重要的两个因素。图 5-9 给出了在不同的转速和焊速组合下所得接头的成形情况。可见，相对于无缺陷的工艺参数窗而言，转速较低（600～800r/min）或较高（1000～1400r/min）时都会导致焊接缺陷的产生，且焊速越高，形成无缺陷接头的转速范围就越窄。

图 5-10 显示了接头的横截面照片。在所有横截面中，左侧均为后退侧，右侧均为前进侧。在转速较低时，返回到前进侧的塑性材料不足，致使在 SZ 边缘处形成了沟槽缺陷；与此相比，当转速较高时，缺陷大多出现在了靠近前进侧的 SZ 内部。提高转速能够减小甚至消除低转速下所形成的缺陷，

第 5 章 水下 FSW 接头的组织演变规律及缺陷形成机理

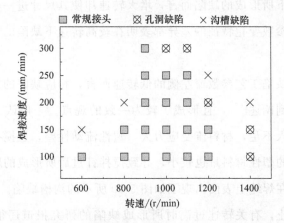

图 5-9 焊接工艺参数对水浸接头质量的影响情况

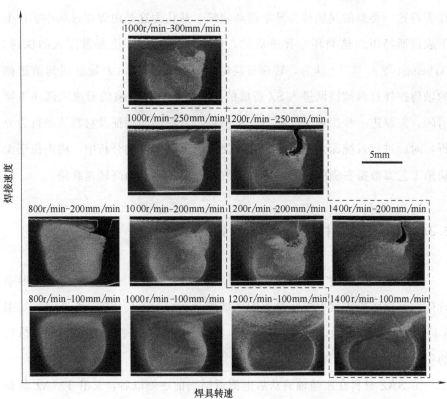

图 5-10 不同工艺参数下的焊缝成形（虚线框内为含有高转速缺陷的焊缝，箭头标示出微小缺陷的位置）

但对较高转速下所形成的缺陷而言，增大转速却使其尺寸进一步增大。形成位置及随工艺参数变化特征的差异都表明在较高转速下缺陷的形成机理与低转速下不同。

对位于无缺陷工艺参数窗左侧的低转速而言，相应缺陷的形成机理已在很多研究中得到阐述[60]，且形成了较为一致的观点。一般认为，在低转速下，焊接热输入不足，材料流变应力大，塑性流动性差，且搅拌头所剪切的能围绕其旋转的塑性材料量也较小，导致搅拌针过后所形成的匙孔得不到充分填充，最终在焊缝上表面出现了如图 5-10 所示的沟槽缺陷。

到目前为止，有关转速过高时所形成缺陷的研究报道还很少。Kim 等人[59]在焊接 ADC12 铝合金时也在高转速下观察到了焊接缺陷的出现，同时发现，提高焊速会增大缺陷的尺寸，而增大压深对缺陷尺寸的影响很小。作者将这一类型的缺陷称为异常搅动缺陷，并认为这是由焊接过程中工件上下表面所经历的热循环差异造成的，但并没有就这一论断做深入的探讨。Arbegast 等人[60,61]认为，转速过高时缺陷的产生是由大量返回到前进侧的轴肩搅拌材料被挤回进入 SZ 造成的。可见，这类缺陷的形成机理还不够清晰，需要进一步探索予以阐明。本书将结合缺陷的特征及材料流动行为分析，对此进行系统深入的研究。为方便论述，在下面的分析中，将由位于无缺陷工艺参数窗右侧的过高转速所导致的焊接缺陷称为高转速缺陷。

5.3.2 水下 FSW 材料流动的一般特征

图 5-11 为典型水浸接头的横截面照片及各区放大照片。根据晶粒形态特征，可以将接头发生塑性变形的区域细分为 TMAZ、SAZ 和 PAZ，如图 5-11（b）~（d）所示。从图 5-11（e）可以看出，在焊接过程中，各区材料的塑性流动存在如下特征。

① SAZ 材料在跟随轴肩从后退侧返回到前进侧以后，又沿 TMAZ 晶粒的变形方向发生了向 PAZ 的回流。由于组织和流动方向的差异，发生回流的 SAZ 材料与 TMAZ 及其余的 SAZ 材料都存在着清晰的界面。在以下论

第5章 水下FSW接头的组织演变规律及缺陷形成机理

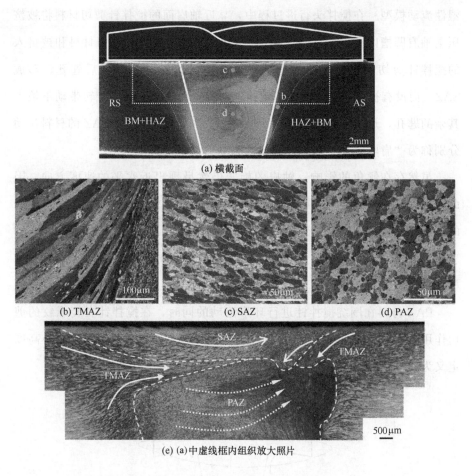

图 5-11 典型水浸接头的横截面及变形区放大照片

述中,将这一回流过程称为"挤压回流"。挤压回流量由转移到前进侧的 SAZ 材料量及其与轴肩和 TMAZ 材料之间的相互作用程度来决定。

② PAZ 内存在着明显的洋葱环结构,但在靠近 SAZ 的位置,洋葱环结构消失,呈现出紊乱的流动特征。

③ FSW 过程中,一部分 TMAZ 材料在搅拌头的旋转带动下也参与了搅拌针过后所形成的匙孔(针后匙孔)的填充,在此,这一填充量的大小由位于搅拌针轮廓内的 TMAZ 面积来衡量。

由上述各变形区的材料流动特征,可以提出如图 5-12 所示的 FSW 材料塑性流动模型。在搅拌头行进过程中，靠近轴肩面的搅拌针剪切材料将被挤压至轴肩凹槽内[99]，这样轴肩底部就包含着轴肩自身的剪切材料和被挤入的搅拌针剪切材料，这两部分材料跟随轴肩旋转并填入针后匙孔，形成SAZ。而没有被挤入轴肩凹槽的搅拌针剪切材料在搅拌针的旋转带动下填入其余的匙孔，形成PAZ。为方便后面论述，将形成SAZ和PAZ的材料流动分别称为"肩驱流动"和"针驱流动"。

虽然存在倾角的影响，轴肩的旋转仍然呈现出近水平的速度方向。因此，以近水平方向随轴肩旋转的SAZ材料的高度体现轴肩在工件厚度方向的搅拌作用程度，将这部分材料的最大高度定义为h_1［见图5-12（b）］。轴肩在工件厚度方向上的作用程度越大，近水平方向填入到针后匙孔的SAZ材料量就越多。

PAZ材料在围绕搅拌针进行环形流动的同时，在搅拌针右旋螺纹的剪切作用下还存在着斜向上的流动。若将直接与SAZ接触的PAZ的最小高度定义为h_2，则h_2反映了由PAZ材料所填充的针后匙孔高度。

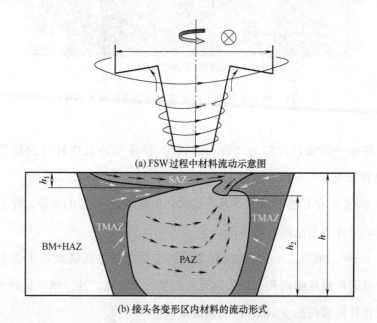

(a) FSW过程中材料流动示意图

(b) 接头各变形区内材料的流动形式

图5-12　水下FSW材料塑性流动模型

5.3.3 工艺参数对水下FSW材料流动的影响

研究工艺参数对材料流动的影响规律有助于从流动的角度揭示缺陷的形成机理。图 5-13～图 5-16 为接头横截面及各变形区材料的流动行为随转速和焊速的变化情况，图 5-17 给出了接头 h_1、h_2 和挤压回流量在不同工艺参数下的分布情况。

5.3.3.1 转速的影响

图 5-13 为在较低焊速（100mm/min）下改变转速时所得的接头横截面及各变形区的金相组织。可见，随着转速的提高，h_1 显著增大而 h_2 有所减小，说明轴肩在工件厚度方向上的作用程度提高，同时 PAZ 材料所填充的匙孔高度逐渐减小。此外，SAZ 材料在前进侧的挤压回流量随转速的提高而逐渐增大，当转速达到 1400r/min 时，在与 SAZ 相邻的 PAZ 内出现了材料的紊乱流动，并形成了孔洞缺陷 [见图 4-2（a）和（b）]。

图 5-14 为在较高焊速（200mm/min）下改变转速时所得的接头横截面及各变形区的金相组织。与低焊速下类似，随着转速的提高，h_2 逐渐减小。所不同的是，h_1 随转速的提高所发生的增大程度较低。此外，当转速由 1000r/min 提高到 1400r/min 时，参与针后匙孔填充的 TMAZ 材料量逐渐增大，这使得 SAZ 材料发生了沿斜向下方向流入针后匙孔的现象，并导致了孔洞（1200r/min）和沟槽（1400r/min）缺陷的产生。在沟槽缺陷出现前，SAZ 材料在前进侧的挤压回流量随转速增大而增大。

5.3.3.2 焊速的影响

保持转速为 1000r/min 不变而改变焊速时所得的接头横截面和各变形区金相组织如图 5-15 所示。可见，当焊速由 100mm/min 提高到

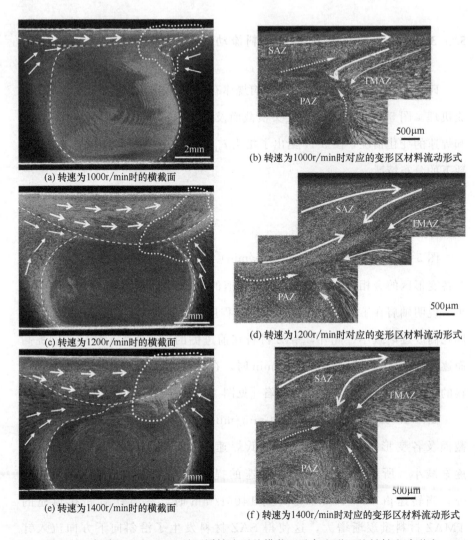

图 5-13　焊速 100mm/min 时不同转速下的横截面及各变形区的材料流动形式

200mm/min 时，h_1 和 h_2 的变化较小，而当焊速达到 300mm/min 时，h_1 和 h_2 都发生了一定程度的降低，说明提高焊速能降低轴肩在工件厚度方向上的搅拌程度并减小 PAZ 材料所填充的针后匙孔高度。在 100mm/min 的焊速下，SAZ 材料即发生一定的挤压回流。增加焊速到 200mm/min 时，挤压回流量增大，并在 PAZ 内引起了流动的紊乱现象，与此同时，部分 TMAZ 材料在 SAZ 材料的带动下参与了针后匙孔的填充。当焊速进

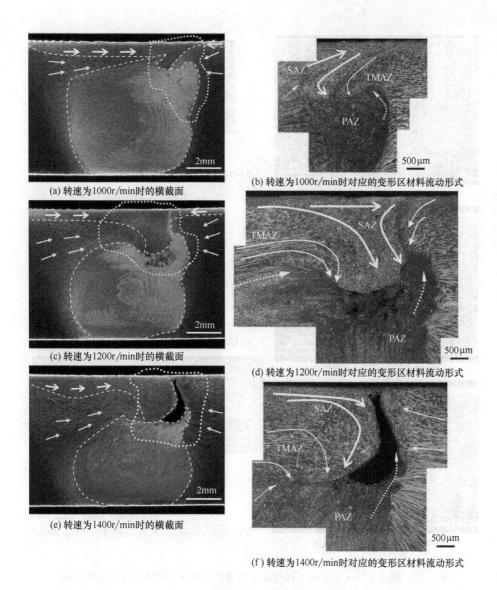

图 5-14 焊速 200mm/min 时不同转速下的横截面及各变形区的材料流动形式

一步增大到 300mm/min 时，更多的 TMAZ 材料被带入到针后匙孔，在 TMAZ 材料停止流动时，SAZ 材料以斜向下的速度方向填入到匙孔内，此时在 PAZ 内观察到了孔洞缺陷。由于返回到前进侧的 SAZ 材料量较少，挤压回流量有所降低。

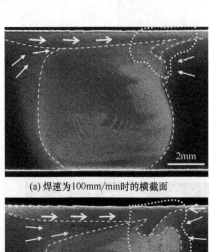
(a) 焊速为100mm/min时的横截面

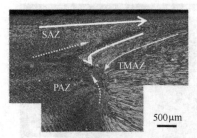
(b) 焊速为100mm/min时对应的变形区材料流动形式

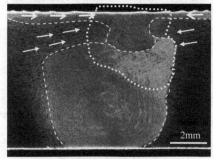
(c) 焊速为200mm/min时的横截面

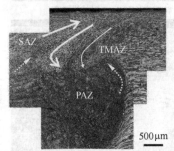
(d) 焊速为200mm/min时对应的变形区材料流动形式

(e) 焊速为300mm/min时的横截面

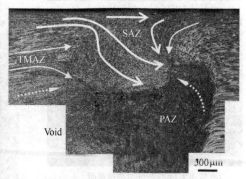
(f) 焊速为300mm/min时对应的变形区材料流动形式

图 5-15 转速 1000r/min 时不同焊速下的横截面及各变形区的材料流动形式

图 5-16 为在 1200r/min 的转速下提高焊速时所得的接头横截面和各变形区的金相组织照片。当焊速由 100mm/min 增大到 200～250mm/min 时，h_1 显著降低。另外，h_2 也随着焊速的增大而有所减小。在 200mm/min 的焊速下，参与针后匙孔填充的 TMAZ 材料量较多，与图 5-15（f）类似，SAZ 材料也发生了沿斜向下方向填入针后匙孔的现象，并在靠近 SAZ/PAZ

界面处的 PAZ 内观察到了孔洞缺陷。当焊速提高至 250mm/min 时，参与针后匙孔填充的 TMAZ 材料进一步增多，同时 SAZ 材料向下填入针后匙孔的趋势也更大，此时在焊缝内形成了沟槽缺陷。

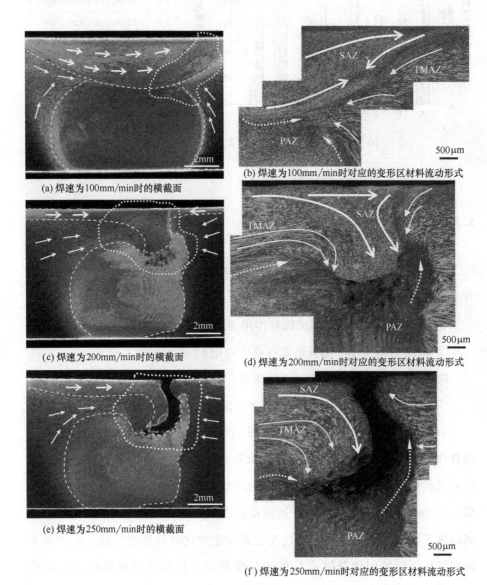

图 5-16 转速 1200r/min 时不同焊速下的横截面及各变形区的材料流动形式

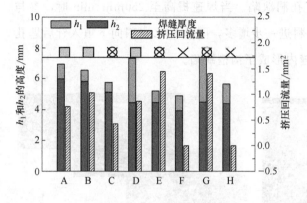

图 5-17　不同工艺参数下的 h_1、h_2 和挤压回流量

5.3.4　缺陷形成机理

从以上分析可知，焊接工艺参数对材料流动的影响主要集中在以下四个方面，并最终影响到焊缝的成形质量：

① 轴肩在工件厚度方向的搅拌作用程度（用 h_1 表示）；

② PAZ 材料所填充的针后匙孔高度（用 h_2 表示）；

③ SAZ 材料在前进侧的挤压回流量；

④ 被带入到针后匙孔的 TMAZ 材料量。

对于 1000~1400r/min 区间内的任一转速而言，轴肩在工件厚度方向的搅拌作用程度都随着焊速的提高呈现出降低的趋势，说明提高焊速能够削弱轴肩搅拌作用。这一现象从转速的变化中能够得到进一步的证实。当焊速较低（100mm/min）时，h_1 随转速的提高明显增大，但在 200mm/min 的较高焊速下，h_1 都较小，且随转速变化而发生变化的幅度也较低。高焊速下轴肩搅拌作用的削弱是轴肩与单位长度被焊材料发生接触的时间缩短的结果。

在固定的转速下提高焊速或在固定的焊速下提高转速时，h_2 值都减小，说明这两个过程都能促进搅拌针剪切材料向轴肩凹槽内流动。这是因为转速的提高能够增强材料的塑性流动能力,而焊速的提高则能增强搅拌针与其周围塑性材料之间的相互作用。

转速或焊速的增大均增强了返回前进侧的 SAZ 材料与轴肩及 TMAZ 材料之间的相互作用。由图 5-17 可见,挤压回流量随转速的增大而增大,而随焊速的增大没有呈现出特定的变化趋势。这是因为,当焊速提高时,被带到前进侧的 SAZ 材料量也随之减少。

被带入针后匙孔的 TMAZ 材料量是由 h_1 和 h_2 共同决定的。当 PAZ 材料所填充的匙孔高度较小但轴肩在工件厚度方向上的搅拌作用不充分时,就会有较多的 TMAZ 材料在 SAZ 材料的带动下参与针后匙孔的填充。

由图 5-17 可知,高转速缺陷可分为两类:一类是在焊速较小(100mm/min)、h_1 较大且 h_1 与 h_2 之和接近焊缝厚度 h 的情况下产生的,另一类是在焊速较大(200~300mm/min)、h_1 较小且 h_1 与 h_2 之和与 h 相差较大的情况下产生的。在此结合材料流动随工艺参数的变化规律,对这两类缺陷的形成机理分别进行阐述。

在较低的焊速(100mm/min)下,当转速由 1000r/min 提高到 1400r/min 时,轴肩在工件厚度方向具有较强的搅拌作用[见图 5-18(a)和(b)],导致 h_1 与 h_2 之和接近于工件厚度,因此在 SAZ 与 PAZ 的界面附近,肩驱流动与针驱流动能够保持方向的一致性[见图 5-18(c)和(d)]。在高转速(1400r/min)下,从后退侧返回到前进侧的 SAZ 材料与轴肩及 TMAZ 材料之间具有较强的相互作用,挤压回流较大,这引起了 PAZ 材料的紊乱流动[见图 5-18(e)和(f)],并最终导致孔洞缺陷的产生。也就是说,此时较大的 SAZ 材料挤压回流量是形成高转速缺陷的主要原因。这与 Arbegast 等人[60,61] 的结论是一致的。

而在较高的焊速区间(200~300mm/min)内,轴肩搅拌程度显著降低,且 PAZ 材料所填充的匙孔高度较小,因而 SAZ 材料要带动较多的 TMAZ 材料参与针后匙孔的填充[见图 5-19(a)~(d)]。TMAZ 材料的塑性流动能力较差,当它停止流动时,SAZ 材料就会以斜向下的速度方向填入到针后匙孔[见图 5-19(e)和(f)]。向下流动的 SAZ 材料与 PAZ 材料相遇，致使靠近二者界面处的 PAZ 材料出现紊乱流动，从而形成了孔洞缺陷。虽然部分返回到前进侧的 SAZ 材料仍会发生挤压回流［针对孔洞缺陷而言，见图 5-15（f）和图 5-16（d）］，但从缺陷的分布位置来看，出过多 TMAZ 材料进入针后匙孔所导致的 SAZ 材料的向下流动才是形成焊接缺陷的主要原因。尤其在转速较高时，h_2 将进一步减小，且 SAZ 材料具有更好的塑性流动性，较大的向下流动趋势导致 SAZ 材料不能及时的返回前进侧，从而形成了沟槽缺陷，如图 5-14（f）和图 5-16（f）所示。

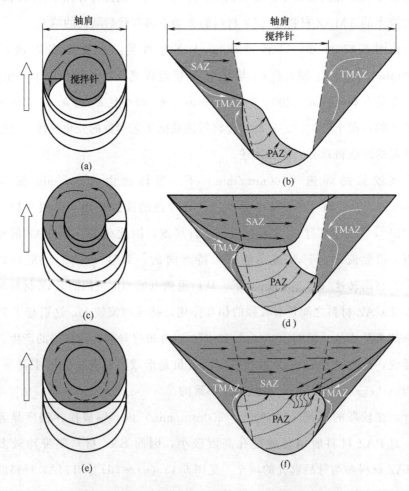

图 5-18　高转速-低焊速参数组合下的缺陷形成机理

(a)(c)(e) 焊缝俯视图；(b)(d)(f) 焊缝截面图［沿（a）(c) 和 (e) 中的横线观察所得］

第 5 章 水下 FSW 接头的组织演变规律及缺陷形成机理

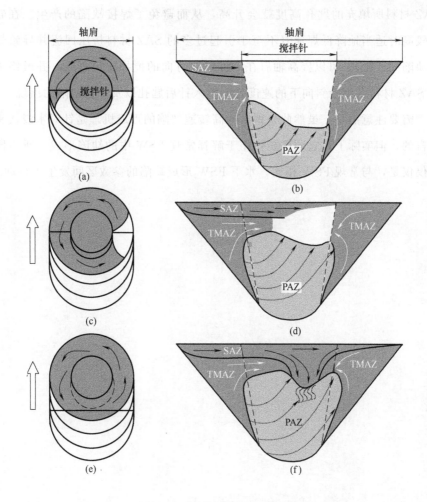

图 5-19 高转速-高焊速参数组合下的缺陷形成机理

(a)(c)(e) 焊缝俯视图，(b)(d)(f) 焊缝截面图 ［沿 (a)(c) 和 (e) 中的横线观察所得］

由此可知，在高转速和高焊速参数组合下形成缺陷的过程中，高转速的作用有两个，一是保证 SAZ 材料在较高的焊速下依然具有较好的塑性流动能力，二是促进搅拌针剪切材料向轴肩凹槽流动。高焊速的作用也有两个，一是降低轴肩在工件厚度方向的搅拌作用程度，二是促进搅拌针剪切材料向轴肩凹槽流动。因此，在焊速较高时适当地降低转速（不至于产生焊接缺陷），可以降低材料的塑性流动能力，搅拌针剪切材料不易被挤入轴肩凹槽，

PAZ 材料所填充的匙孔高度就会升高，从而避免了焊接缺陷的产生。在转速较高时适当地降低焊速（不至于引起过多的 SAZ 材料挤压回流并导致焊接缺陷的产生），可以提高轴肩在工件厚度方向的搅拌作用程度，并最终避免 SAZ 材料发生沿斜向下的速度方向填入针后匙孔以及焊接缺陷的出现。

需要注意的是，虽然此处得出的高转速缺陷的形成机理是针对水浸接头而言的，但实际上，它同样能被用于解释常规 FSW 中的缺陷形成。所不同的仅仅是，与常规 FSW 相比，水下 FSW 形成缺陷的参数区间发生了移动。

第 6 章

水介质的汽化特征及水下 FSW 温度场

6.1 概述

由前述可知,在水浸环境中进行搅拌摩擦焊接能够有效地改善焊缝组织状态并提高接头力学性能。实际上,水介质所带来的这些变化都是由其对焊接过程的冷却作用造成的,因此,研究水下 FSW 温度场对于阐明组织—性能—热循环的内在关系和揭示水下 FSW 的本质具有重要意义。

本章中,首先进行定点下扎试验观察水介质的汽化过程,并结合热电偶测温结果,阐明水介质的汽化特征,从而建立起合适的散热边界条件。在此基础上,建立焊接产热模型,采用 MARC 有限元软件模拟水下 FSW 温度场,并分析温度场特征及其与接头组织性能的相关性。

6.2 水介质的汽化特征

6.2.1 水介质的汽化过程

图 6-1 为搅拌头下扎过程中其周围水介质的汽化状态随下扎时间的变化

情况（搅拌头转速为800r/min，下扎速度为3mm/min），图6-2给出了距搅拌头轴线14mm和18mm处的工件上表面及对应水介质的热循环曲线。从图6-1（a）可见，在搅拌针扎入的初期（25s），即在其周围出现了少量的气泡。由于此时工件表面和水介质的温度都比较低，因此断定，这些气泡主要是由搅拌针与工件之间的界面摩擦所导致的。界面摩擦产生了很多能够捕捉空气的小孔洞，成为气泡形成的优先位置。气泡在摩擦热的作用下发生长大，并在搅拌针的旋转带动下向外溢出。随着扎入深度的增大，产热量及搅拌头周围水介质的流速都增大，导致气泡的数量增多、尺寸增大，并运动到距搅拌头较远的位置［见图6-1（b）］。当下扎时间达到125s时，轴肩已完

图6-1 不同搅拌头下扎时间下的水介质汽化状态

全浸入到水介质中，搅拌头周围的水介质具有更大的流速。绝大多数的小尺寸气泡在向外溢出时即被有较大流速的水介质破坏，此时搅拌头周围的气泡数量反而较少［见图6-1（c）］。图6-1（d）为搅拌头下扎过程完成并停留一段时间后，其周围水介质的汽化状态。此时水介质已达到标准大气压下的饱和温度（100℃），即发生了沸腾，并在搅拌头高速旋转的带动下呈现出剧烈的跳动状态。伴随着气泡的不断产生及消失，以及沸腾水介质的剧烈跳动，工件表面与沸腾区之间发生着剧烈的热交换。在本研究中，将用一沸腾换热系数来综合反映此动态沸腾区的散热能力。在动态沸腾区外侧（虚线外），与工件表面接触的水介质也会在高温作用及动态沸腾水介质的带动下产生一定的气泡并向外溢出，但与动态沸腾相比，这一汽化过程相对平缓。为方便计算，将动态沸腾区外侧的水介质都视为自然对流散热区，并用一等效自然对流换热系数来反映其散热能力。

6.2.2 水介质的沸腾过余温度

从热电偶所测热循环曲线（图6-2）看出，在沸腾发生时，工件表面的温度高于水介质的沸腾温度。经典理论中，将加热表面温度与水介质饱和温度的差值定义为水介质的沸腾过余温度[112]。Nukiyama[113] 在1934年将铂热电偶水平浸没在水中，通过测量电流强度和导线之间的电势，得出了标准大气压下水介质的热流密度与沸腾过余温度之间的对应关系曲线，如图6-3所示。可见，在静态缓慢加热的条件下，水介质的沸腾过余温度约为5℃，而且在沸腾发生后，水介质的对流换热系数与自然对流时相比急剧上升，表明水介质和加热面之间发生着剧烈的热交换。

需要注意的是，在搅拌头下扎过程中，当工件表面的温度达到105℃时，与之接触的水介质并没有沸腾，直到工件表面的温度升至120℃，沸腾才开始发生。造成这一现象的原因是，水介质在搅拌头高速旋转的带动下具有较高的流速，散热能力更强，不易发生沸腾，同时工件表面对水介质的加热速率很大，但热量向水介质的传递速率较低，因而此时的沸腾过余温度与

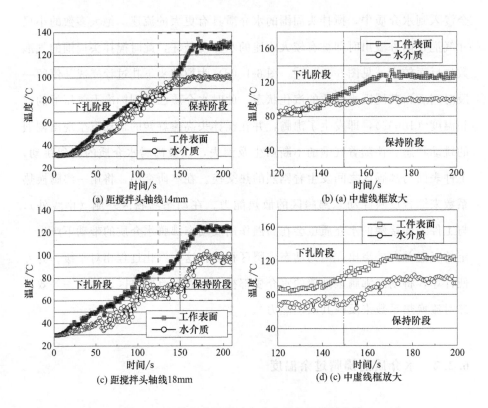

图 6-2 工件上表面及对应水介质的热循环曲线

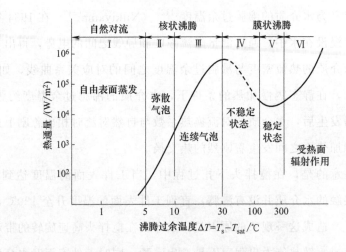

图 6-3 标准大气压下水介质的沸腾曲线[113]

以低加热速率对静态水加热时的情况相比有所提高。在外界大气压一定的情况下，过余温度与水介质的流速密切相关。由图 6-2 可以看出，在距搅拌头轴线不同位置处水介质的沸腾过余温度差异很小，说明在转速一定时，搅拌头周围水介质的流速差异对过余温度的影响较小。但在转速发生变化时，所引起的流速变化对过余温度的影响就比较明显。图 6-4 为搅拌头下扎过程中所测得的过余温度（ΔT）随转速的变化情况。随着转速的增大，水介质的流速也增大，散热能力增强，导致沸腾过余温度逐渐升高。

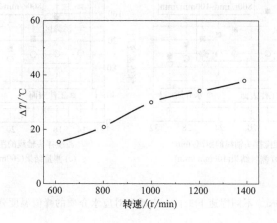

图 6-4 水介质的沸腾过余温度随转速的变化情况

为了研究焊速对水介质沸腾过余温度的影响，固定转速为 800r/min 不变，分别在 100mm/min 和 200mm/min 的焊速下测量距搅拌头轴线不同位置处的工件上表面和对应水介质的温度。在前期试验中观察发现，在 100mm/min 的焊速下，焊接达到准稳态时水介质沸腾区的外边界到搅拌头轴线的距离在 25～30mm 的区间内，因此，热电偶测量了距搅拌头轴线 14～30mm 范围内的热循环，具体分布位置如图 6-5（a）所示。最终所得的工件及水介质的峰值温度如图 6-5（b）和（c）所示。可见，尽管提高焊速会减小水介质沸腾区的尺寸，但在这两种焊速下，搅拌头周围的水介质都在工件表面达到 120℃ 以上时发生了沸腾，而当温度低于 120℃ 时，水介质的

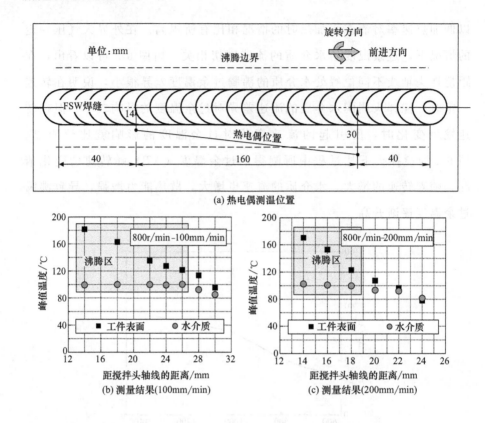

图 6-5　不同焊速下工件上表面及对应水介质的峰值温度分布

温度都降到了 100℃ 以下，也就是说，焊接达到准稳态时水介质的沸腾过余温度都与下扎试验所得的结果相同。实际上，焊速与转速相比很小，其对搅拌头周围水介质流动状态的影响也很小，因而不同焊速下水介质的沸腾过余温度几乎相同，在以后的计算中也将不再考虑焊速对沸腾过余温度的影响。

在模拟计算中，若工件上表面积分点的温度低于使水介质沸腾的临界温度（$T_c = \Delta T + 100℃$），则对其施加水介质的自然对流换热系数，而当其升高至临界温度后，该处水介质发生沸腾，计算时即对其施加水介质的沸腾换热系数。也就是说，在每一步计算前，先读取上一步的温度，根据其与临界温度的关系，选取适当的换热系数值。

6.3 水下 FSW 温度场模拟

6.3.1 产热模型

FSW 过程中，当搅拌头以 ω 的转速转动时，与其直接接触的发生塑性变形的被焊材料也以一定的速度 ω' 进行旋转，并由此在搅拌头表面形成了一个塑性变形层。相对于搅拌头而言，被焊材料的旋转速度较小，这里引入比例系数 δ 来表征这一速度滞后的程度，即：

$$\delta = \frac{\omega'}{\omega} \tag{6-1}$$

实际上，搅拌头表面的塑性变形层的厚度极小，以至于可以认为层内的温度和切应力处处相等[77]，因而在此将这一塑性变形层等效为一个与搅拌头直接接触的剪切面。这样除了由搅拌头与被焊材料的相对运动所导致的摩擦产热，焊接产热还包括由塑性剪切面的自身运动所导致的塑性变形产热。无论是轴肩还是搅拌针，其表面任一位置的摩擦产热热流密度都可由式（6-2）来表达：

$$q_{\text{friction}} = (1-\delta)\omega r \tau_{\text{friction}} \tag{6-2}$$

其中，τ_{friction} 为搅拌头表面所受的摩擦切应力；r 为到搅拌头轴线的距离。

剪切面的塑性应变率即为其自身的运动速率 $\delta\omega r$，因此可得出塑性变形产热的热流密度公式：

$$q_{\text{plastic}} = \delta\omega r \tau_{\text{yield}} \tag{6-3}$$

其中，τ_{yield} 为材料的屈服切应力。实际上，以剪切面为参考对象，屈服切应力和摩擦切应力是一对平衡力，因此有：

$$\tau_{\text{friction}} = \tau_{\text{yield}} \tag{6-4}$$

根据式（6-2）～式（6-4）就可以得出总热流密度计算公式：

$$q_{\text{total}} = q_{\text{friction}} + q_{\text{plastic}} = \omega r \tau_{\text{yield}}(T) \tag{6-5}$$

图 6-6 为搅拌头几何形状示意图，R_1、R_2 和 R_3 分别为轴肩、搅拌针根部及端部的半径，H 为搅拌针的长度，α 为搅拌针的锥形角。为简化计算，忽略搅拌头倾角、轴肩凹角、搅拌针侧面螺纹以及搅拌针底面半球面的影响，这样总产热量就由轴肩和母材的界面产热 Q_1、搅拌针侧面和母材的界面产热 Q_2 以及搅拌针底面和母材的界面产热 Q_3 三部分组成。

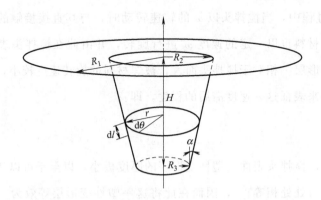

图 6-6　搅拌头几何形状示意图

轴肩处采用面热源，其面热流密度可直接用式（6-5）表达：

$$q_s = \omega r \tau_{yield}(T) \quad (R_2 \leqslant r \leqslant R_1) \tag{6-6}$$

搅拌针位于工件内部，为便于有限元计算，将其产热量均分于整个体积，即将搅拌针产热按体热源进行处理。体热流密度可表示为：

$$q_v = (Q_2 + Q_3)/V \tag{6-7}$$

搅拌针侧面的微元面积为：

$$dA = r d\theta \times dl = r d\theta \times \frac{dr}{\sin\alpha} \tag{6-8}$$

考虑到焊接过程中针后匙孔的存在，只对搅拌针的一半侧面积进行积分：

$$Q_2 = \omega \tau_{yield} \times \int_\pi^{2\pi} d\theta \int_{R_3}^{R_2} \frac{r^2}{\sin\alpha} dr = \frac{\pi(R_2^3 - R_3^3)}{3\sin\alpha} \times \omega \tau_{yield} \tag{6-9}$$

搅拌针底部微元面积及界面产热分别为：

$$dA = r d\theta \times dr \tag{6-10}$$

$$Q_3 = \omega\tau_{\text{yield}} \times \int_\pi^{2\pi} d\theta \int_0^{R_3} r^2 dr = \frac{\pi R_3^3}{3} \times \omega\tau_{\text{yield}} \tag{6-11}$$

已知圆台体搅拌针的体积为：

$$V = \frac{\pi H}{3}(R_2^2 + R_2 R_3 + R_3^2) \tag{6-12}$$

将 $R_2 = 4.3\text{mm}$，$R_3 = 2.5\text{mm}$，$H = 7.4\text{mm}$，$\alpha = 15°$ 代入式（6-7）、式（6-9）、式（6-11）和式（6-12），即可得到搅拌针体热流密度：

$$q_v = \omega\tau_{\text{yield}}(T) \tag{6-13}$$

根据 Mise 屈服准则，材料的剪切屈服强度 τ_{yield} 与正压屈服强度（即发生 0.2% 塑性变形时对应的应力）之间存在如下关系：

$$\tau_{\text{yield}} = \frac{\sigma_s}{\sqrt{3}} \tag{6-14}$$

由于 τ_{yield} 是一个与温度相关的量，使得本书所采用的产热公式具有热量自适应的特征。在每一步的积分运算中，需先检测积分点处的温度 T 并计算出对应的 $\tau(T)$，再将 $\tau(T)$ 代入式（6-6）和式（6-13）计算出热流 q，而后通过 MARC 用户子程序实现热流的加载。

6.3.2 材料性能参数及有限元模型

6.3.2.1 材料性能参数

对于量值随温度变化很小的性能指标，选取其在室温下（25℃）的值，如表 6-1 所示。对于屈服强度、热导率及比热容等随温度变化明显的物理量，则考虑其与温度的相关性，如图 6-7 所示。在每一步计算前，先读取上一步的温度值，然后选取对应的性能参数并以表格的形式进行参数加载。对于无法通过文献资料获得的性能参数，则由现有参数经拟合外推获得。

表 6-1 受温度影响较小的材料性能[114]

性质	单位	量值
密度 ρ	kg/m³	2.84×10^3
熔化温度范围	℃	543～643
线胀系数 α	℃$^{-1}$	24.4×10^{-6}
弹性模量 E	GPa	73.8

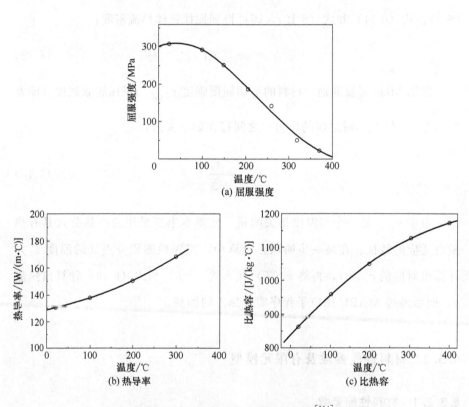

图 6-7 受温度影响较大的材料性能[114]

6.3.2.2 模型网格划分

采用疏密过渡的网格对被焊工件进行划分。轴肩作用区的温度分布情况直接影响接头的性能，为比较准确地反映其温度场特征，在该区域采用细密网格进行划分，轴肩外侧沿工件宽度方向网格逐渐变宽。模型共划分了 36240 个单元，包含 43624 个节点，最小单元的尺寸为 0.9mm×1mm×1.25mm。焊接起始点距工件边缘 30mm，焊缝长度 240mm。模型网格划分形式如图 6-8 所示。

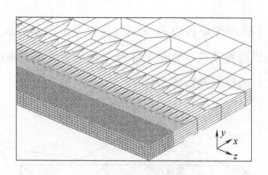

图 6-8　模型网格划分形式

6.3.3　传热控制方程

处于准稳态的 FSW 过程满足各向同性的导热微分方程：

$$\rho(T)c(T)\frac{\partial T}{\partial t}=\frac{\partial}{\partial x}\left[k_x\frac{\partial T}{\partial x}\right]+\frac{\partial}{\partial x}\left[k_y\frac{\partial T}{\partial y}\right]+\frac{\partial}{\partial x}\left[k_z\frac{\partial T}{\partial z}\right]+q(x,y,z,t)$$

(6-15)

式中　　　T——与时间和位置相关的瞬时温度，℃；

$q(x,y,z,t)$——体热源热流密度，W/m³；

$\rho(T)$——密度，kg/m³；

$c(T)$——比热容，J/(kg·℃)；

k_x，k_y，k_z——直角坐标系下 x，y，z 方向的热导率，对于各向同性的材料，$k_x=k_y=k_z$，W/(m·℃)。

在计算中，热源作为时间的函数进行移动，以反映出任一时刻不同坐标处的温度场分布特征。无论空气环境还是水浸环境，焊接初始温度均与室温相同，即：

$$T(x,y,z,t)|_{t=0}=T_0(x,y,z)=25℃ \tag{6-16}$$

6.3.4 焊接边界条件

图 6-9 给出了模型的焊接边界条件。其中，Ⅰ是轴肩面热流边界条件，Ⅱ是对接面的绝热边界条件，Ⅲ是工件与焊接环境的热交换边界条件，Ⅳ是工件与垫板及卡具的热交换边界条件。

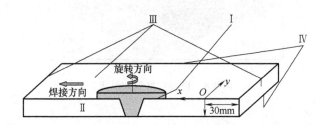

图 6-9 模型的热边界条件

6.3.4.1 轴肩面热流边界条件

轴肩面产生的热量除向工件传导外，另有一部分要通过搅拌头散失掉。传递到工件的热量与散失部分的热量的比值可用式（6-17）表示[115]：

$$f=\frac{\sqrt{(k\rho C)_{\text{Workpiece}}}}{\sqrt{(k\rho C)_{\text{Tool}}}} \tag{6-17}$$

其中，k 为热导率；ρ 为密度；C 为比热容。结合式（6-6）和式（6-17），可得轴肩面热流边界条件：

$$k\frac{\partial T}{\partial y}\bigg|_{\text{top}}=\frac{f}{1+f}\omega r\tau_{\text{yield}}(T) \tag{6-18}$$

由于在铝合金的 FSW 中，搅拌头与工件的界面温度大多在 400~500℃的范围内[13,31]，因此，将工件和搅拌头在 450℃时的热物理参数代入式（6-17），得到 f 值为 0.77。

6.3.4.2 对接面的绝热边界条件

本模型中根据焊接过程的对称性只对焊缝一侧的试板进行模拟,对接面被认为是绝热面,即在其法线方向上温度梯度为零:

$$\frac{\partial T}{\partial x}=0 \tag{6-19}$$

6.3.4.3 工件与焊接环境、垫板及卡具的热交换边界条件

忽略辐射散热,工件与焊接环境的热交换边界条件可写为:

$$-k\frac{\partial T}{\partial y}\Big|_{\text{top}}=h_a(T-T_0) \tag{6-20}$$

其中,h_a 为工件与焊接环境的对流换热系数,$W/(m^2 \cdot ℃)$。

工件底面和侧面与垫板及卡具的热交换边界条件则相对复杂。热量由工件向垫板及卡具传递时要经过彼此之间存在很强机械作用的界面。由于接触点的不连续性,使得界面处存在着明显的接触热阻。接触热阻是一个非常复杂的量,由接触面的粗糙程度、材料热导率、接触点之间的流体特性以及压力大小等因素决定[113]。在 FSW 温度场模拟中,常用一等效热交换系数 h_b [$W/(m^2 \cdot ℃)$] 来表征这一复杂的热量传递过程:

$$k\frac{\partial T}{\partial y}\Big|_{\text{bottom}}=h_b(T-T_0) \tag{6-21}$$

(1) 空气环境

在空气环境中,工件上表面及自由端面与焊接环境的热交换是通过与空气之间的自然对流来实现的。文献[116]中给出了空气自然对流换热系数的经验范围是 $5\sim25W/(m^2 \cdot ℃)$,而在已进行的铝合金 FSW 温度场的模拟中,所采用的空气对流换热系数集中在 $10\sim30W/(m^2 \cdot ℃)$ 的区间内(见表 6-2),并取得了较好的结果。综合这些数据,本研究中选取空气对流换热系数为 $15W/(m^2 \cdot ℃)$。

表 6-2 铝合金 FSW 温度场模拟中所选取的热边界条件

被焊工件	垫板材料	$h_a/[W/(m^2 \cdot ℃)]$	$h_b/[W/(m^2 \cdot ℃)]$	参考文献
2024-T3	钢	10	1000	[117]
5083-O	钢	10	—	[73]
6061-T6	钢	30	500	[118]
6061-T651	不锈钢	15	1000	[75]
6061	钢	15	250	[119]
7075-T6	钢	10	700	[77]
2024-T351	钢	30	200	[120]
7050	钢	30	250	[115]
5083-H18	1020 碳钢	30	200	[121]
2024-T3	—	10	—	[122]
2024	钢	15	300	[123]
2024-T3	钢	15	—	[124]
SSA038	钢	15	250	[125]
2024-T4	钢	30	200	[126]

从表 6-2 可以看出，前期研究人员在进行铝合金 FSW 温度场的模拟分析中，所选取的工件与垫板及卡具之间的等效热交换系数集中在 200～1000W/(m²·℃) 的相对较宽范围内。本研究中，选取热交换系数为 100、200、400、600、800 和 1000W/(m²·℃)，在热输入差异较大的两组工艺参数下（800r/min-100mm/min 和 600r/min-200mm/min）对常规 FSW 温度场进行了模拟计算。结果发现，当热交换系数选为 200W/(m²·℃) 时，两组参数下所得的模拟热循环曲线均与测量结果具有较高的拟合程度（见图 6-10）。据此，就可以将空气环境下工件与垫板及卡具之间的等效热交换系数确定为 200W/(m²·℃)。

(2) 水浸环境

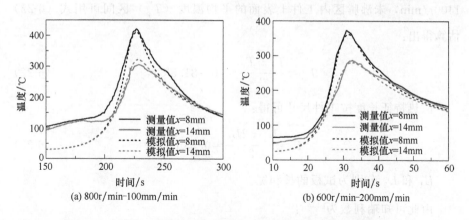

图 6-10 不同工艺参数下常规 FSW 温度场的模拟结果和测量结果

在水下 FSW 中，水介质存在竖直方向的温度梯度，因此对工件有竖直方向的对流散热作用。同时，随着与搅拌头距离的增大，工件上表面的温度逐渐降低，使得水介质也具有水平方向的温度差，因此水介质对工件也存在着水平方向的对流散热作用。这些因素导致焊接过程中水介质的自然对流散热异常复杂。在本书中，认为沸腾区外侧较大体积的水介质的平均温度近似为其初温，即 25℃，在这一假设前提下，就可以忽略水介质在水平方向的对流散热，而仅考虑其在竖直方向的散热作用。表 6-3 列出了水介质在室温下的物理属性，下面将利用经验公式，估算水介质自然对流换热系数的取值范围。

表 6-3 水介质在室温下的物理属性[112]

符号	含义	单位	数值
ν	动力学黏度	m^2/s	0.85×10^{-6}
λ	热导率	$W/(m \cdot ℃)$	0.61
α	热扩散率	m^2/s	0.15×10^{-6}
β	热胀系数	K^{-1}	2.75×10^{-4}

在搅拌头外侧的未沸腾区，工件上表面的温度从使水沸腾的临界温度 T_c 逐渐降至与水环境相同的温度 T_0。对于本书所选的转速范围 600～

1400r/min，未沸腾区内工件上表面的平均温度（T_p）区间可用式（6-22）估算得出：

$$T_p = \frac{T_c + T_0}{2} = 70 \sim 81.5℃ \quad (6-22)$$

散热特征长度按工件尺寸可得：

$$L = \frac{L_1 + 2L_2}{2} = 0.25\mathrm{m} \quad (6-23)$$

L_1和L_2分别为试板的长和宽。

由此可知瑞利数为[113]：

$$Ra = \frac{g\beta(T_p - T_0)L^3}{\nu\alpha} = (1.48 \sim 1.86) \times 10^{10} \quad (6-24)$$

进一步，根据下面的关联式估算出平均努塞特数[113]：

$$\overline{Nu} = ARa^m = 340 \sim 367 \quad (6-25)$$

其中，A和m分别取为0.15和0.33。

最终可得水介质的自然对流换热系数：

$$h = \overline{Nu}\frac{\lambda}{L} = 830 \sim 895\mathrm{W/(m^2 \cdot ℃)} \quad (6-26)$$

这一估算值恰好位于文献［116］给出的水介质自然对流换热系数的经验值区间内［200~1000W/(m^2·℃)］。结合这些数据，将水介质的自然对流换热系数选定为850W/(m^2·℃)，以进行各参数下的温度场模拟计算。

与空气环境所不同的是，在水浸环境中，工件与垫板及卡具之间的间隙被水介质所填充，这导致接触热阻发生了变化。水下FSW中，在搅拌针下扎的初始阶段，焊接产热量小，水介质没有沸腾，因此可以利用所得的水介质自然对流换热系数进行水浸环境下搅拌针下扎过程的温度场模拟，将模拟结果和热电偶测量结果进行对比，就能确定合适的工件与垫板及卡具之间的等效热交换系数。在600r/min和1400r/min的转速下分别进行搅拌针下扎试验，并用热电偶测出工件上表面特征点及对应水介质的热循环曲线（搅拌针下扎速度3mm/min，特征点距搅拌头轴线14mm），结果如图6-11所示。可见，两种转速下，水介质的温度都在100℃以下，说明在下扎过程中测温点处的水介质没有发生沸腾。无论是在低转速还是在高转速下，当热交换系数取为 1000W/(m²·℃) 时，特征点处热循环的模拟结果与测量结果都具有较高的符合程度。

在焊接中，工件的装卡状态与上述下扎过程相比变化较小，所不同的是，填充在间隙中的水介质的温度会发生一定的变化。由于间隙尺寸很小，水介质所起的对流换热作用有限，而其热导率随温度变化又不大[113]，因此由下扎试验所确定的工件与垫板及卡具的等效热交换系数，也适用于各焊接参数下的焊接过程中温度场的模拟。

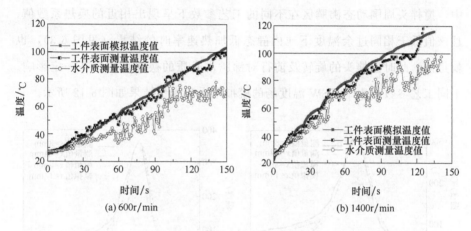

图 6-11 不同转速下工件上表面及对应水介质的热循环曲线

在得出水介质的自然对流换热系数和工件与垫板及卡具的热交换系数后，就可以通过模拟和试验相结合的方法确定水下 FSW 达到准稳态时搅拌头周围动态沸腾区的换热系数。结果表明，就本研究所选的转速和焊速范围而言，当沸腾换热系数取为 3000W/(m²·℃) 时，所得模拟结果和试验测量结果都能够很好地吻合。

沸腾换热是一个有相变的传热过程，其传热机理包括以下三个方面[127]：

① 气液置换传热，即气泡生成后所传递的大量汽化潜热，这与气泡生成数目和生成速率有关；

② 液液置换传热，即由气泡脱离所导致的冷热液体置换传热；

③ 微对流传热，由气泡脱离时对边界层的扰动所引起。

因此，沸腾换热能力是这三个因素的综合体现。在水下 FSW 中，当转速增大时，搅拌头对沸腾区的扰动增强，致使气泡脱离时对边界层产生更强的扰动效果，增强了微对流传热。但与此同时，这也提高了工件上表面的温度，增大了动态沸腾区以及其外侧处于高温分布区间的未沸腾区的尺寸，从而削弱了冷热液体置换传热。当焊速增大时，动态沸腾区的移动速率提高，冷热液体的置换传热增强，而在快速移动下，沸腾区内气泡生成的数目及速率必然会减小，导致气液置换传热减弱。正是由于这些原因，在水下 FSW 中，搅拌头周围动态沸腾区在不同的工艺参数下呈现出相近的换热系数值，且该值低于相同过余温度下池内静态低加热速率时的结果（见图 6-3），也就是说，此时搅拌头的旋转及前行对沸腾水介质的换热系数存在一定影响。不同工艺参数下水下 FSW 温度场的模拟结果和测量结果如图 6-12 所示。

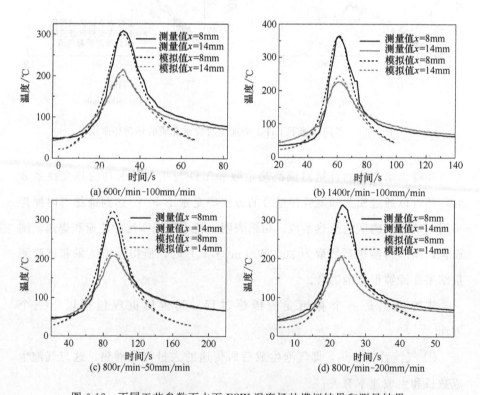

图 6-12 不同工艺参数下水下 FSW 温度场的模拟结果和测量结果

6.3.5 模拟结果分析

6.3.5.1 水浸冷却对FSW温度场的作用特征

图6-13为不同环境下焊接达到准稳态时的温度场模拟结果(转速800r/min，焊速100mm/min，此图及以下各图中的温度单位均为℃)。常规接头的最高峰值温度达到了472℃，而水浸接头的最高峰值温度仅为408℃。与常规接头相比，水浸接头的高温分布区域明显变窄。

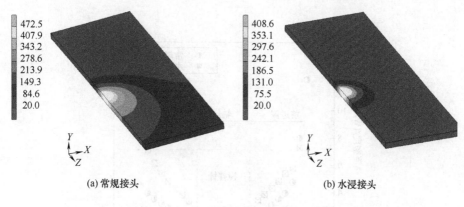

(a) 常规接头　　　　　　　　(b) 水浸接头

图6-13　焊接达到准稳态时的温度场分布

图6-14为接头纵截面(YOZ面，$X=0$)上的温度场分布特征。在常规FSW中，搅拌头前沿与后沿的温度分布相对于其轴线呈现出显著的不对称性，后沿的温度明显高于前沿，且具有更低的温度梯度。这是焊接过程中在搅拌头后沿热量不断累积的结果。与此相比，水下FSW中搅拌头前沿和后沿的高温分布区域都剧烈地向搅拌头轴线方向收缩，其中后沿的收缩程度更大，导致搅拌头前沿和后沿的温度梯度都要高于常规接头，且温度分布呈现出更高的对称性。

图6-15为轴肩面热流密度沿对接线的分布情况。无论常规接头还是水浸接头，轴肩在前沿的热流密度都要高于后沿，这是因为在搅拌头前进过程

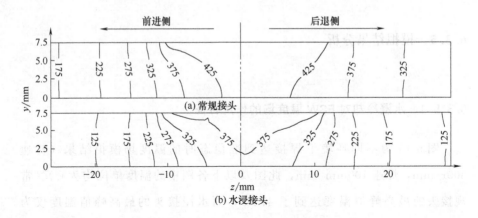

图 6-14 接头纵截面上的温度场分布（竖直虚线表示搅拌头轴线）

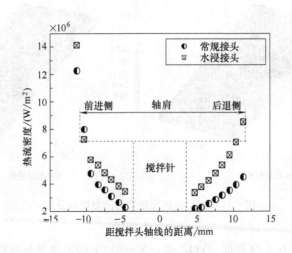

图 6-15 轴肩面热流密度沿对接线的分布情况

中，轴肩前沿预先接触到较冷的"硬材料"，轴肩与工件的相互作用较强，摩擦产热量大。而材料在由前沿随搅拌头旋转至后沿的过程中逐渐变软，其与轴肩的相互作用也减弱，致使轴肩面热流密度下降。在水浸环境中，轴肩与材料的相互作用进一步增强，因而较常规接头具有更高的轴肩面热流密度。只是水介质的散热能力远强于空气，水浸接头的最高峰值温度才反而低于常规接头。

在接头横截面上，水介质同样使得高温作用区域急剧向焊缝中心线方向收缩（见图 6-16）。在轴肩作用范围内，等温线在焊缝下部的收缩程度比在上部的要大，说明下部受到了更强的冷却作用，而这也正是在水浸环境中接头中层和下层的性能能够得到更大程度提高的原因。在轴肩作用范围外，焊接热源的影响减弱，且沸腾水介质具有强烈的吸热作用，因而等温线在焊缝上部的收缩程度反而较在下部的要大（见 175℃ 等温线），导致在工件厚度方向上温度分布呈现出先增大后减小的变化趋势，即工件内部的温度高于其上、下表面的温度。在沸腾区以外，水介质的散热能力下降，工件厚度方向上的温度分布趋于一致。

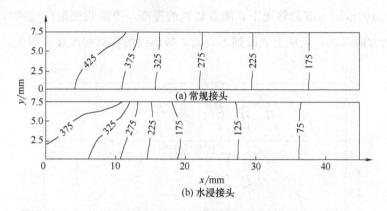

图 6-16　接头横截面上的温度场分布

图 6-17 是横截面上位于工件中间厚度的焊缝各区的热循环曲线。与水浸 SZ 相比，常规 SZ 具有更高的峰值温度和更长的高温停留时间（注：本

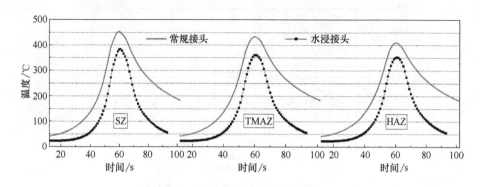

图 6-17　焊缝各区热循环曲线

节的高温停留时间是指在 200℃ 以上的时间）。较高的峰值温度促进了沉淀相向基体内的溶解，为再析出提供了充足的溶质原子，而焊后较长的高温停留时间又为亚稳相的形核及长大提供了充分的热力学条件。在 TMAZ 和 HAZ，水浸接头同样具有比常规接头更低的峰值温度和更短的高温停留时间，从而降低了这两个区域的亚稳相恶化程度，提高了接头的力学性能。

6.3.5.2 水下 FSW 温度场的演变规律

图 6-18 和图 6-19 为接头横截面上的温度场分布随转速和焊速的变化情况。在 100mm/min 的焊速下，随着转速的提高，等温线逐渐向远离焊缝中心线的方向移动，且从上表面到下表面，等温线的移动程度逐渐增大，说明

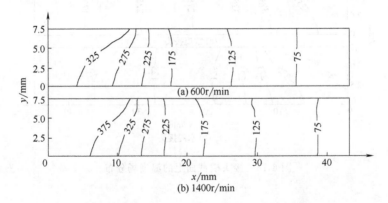

图 6-18 不同转速下接头横截面的温度场分布

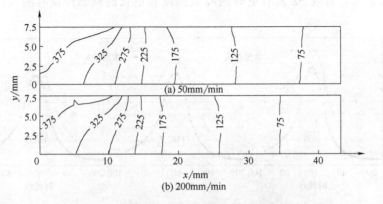

图 6-19 不同焊速下接头横截面的温度场分布

提高转速有利于热量向焊缝根部传递。由于这个原因，焊缝根部的搅拌区尺寸随着转速的增大而明显增大（见图5-10），即焊缝根部能被搅拌针搅动的材料量增多。在转速固定为800r/min不变时，增大焊速会使等温线向焊缝中心线方向移动，但这一过程只在轴肩作用范围外比较明显，在轴肩半径内，两种焊速下的温度场分布几乎相同。

图6-20为水浸接头各个区域的热循环曲线随工艺参数的变化情况。可

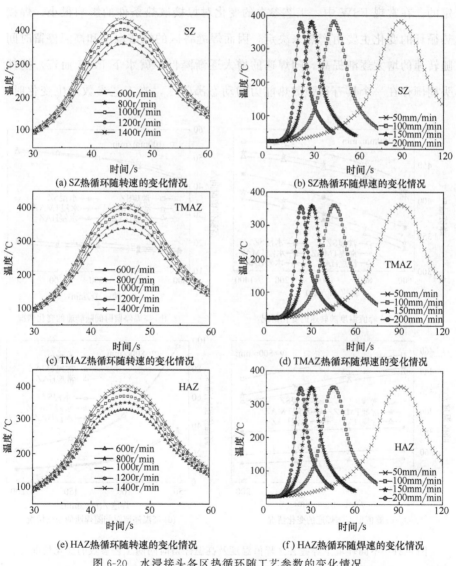

图6-20 水浸接头各区热循环随工艺参数的变化情况

见，随着转速的增大，接头各个区域的峰值温度都显著提高，但高温停留时间几乎保持不变。相反，当焊速提高时，接头各个区域的峰值温度几乎保持一致，而高温停留时间明显缩短。

通过与空气环境下的温度场特征进行对比，可以更深入地理解水下FSW温度场演变的特殊性（见图6-21）。FSW接头各区的峰值温度和高温停留时间是由搅拌头所施加的产热作用和周围环境所施加的散热作用共同决定的。在常规FSW中，工艺参数的变化对焊接散热条件的影响很小，焊接热循环的变化主要由产热来决定，因而焊缝各区的峰值温度和高温停留时间随转速的增大逐渐提高，随焊速的增大逐渐降低。就水下FSW而言，搅拌头周围存在一个具有很强散热能力的动态沸腾区，当工艺参数发生变化时，

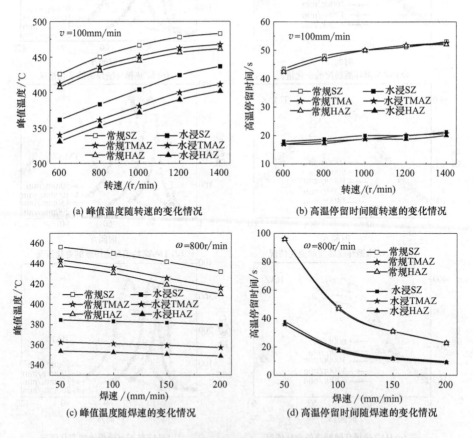

图 6-21　不同环境下焊缝各区峰值温度及高温停留时间随工艺参数的变化情况

沸腾区的移动速率和尺寸都会发生改变，这会与焊接产热变化一起影响焊接热循环的演变。

在焊速不变时提高转速，动态沸腾区的移动速率保持恒定，其对搅拌头经过位置所施加的散热作用也基本相同，因而各区峰值温度变化主要由焊接产热来决定，即随转速的增大而逐渐提高。与常规接头相比，水浸接头各区的峰值温度具有更高的变化速率［见图 6-21（a）］，由式（6-5）和图 6-7 可知，这是水浸环境下由转速提高所引起的热流密度的升高速率较大的结果。另外，提高转速也会增大动态沸腾区的尺寸，使得沸腾区对搅拌头过后所形成焊缝的冷却时间延长，因而与空气环境下相比，此时高温停留时间随转速增大的变化幅度较低。

在转速不变的情况下增大焊速，不仅沸腾区在单位长度焊缝上的停留时间缩短，沸腾区的尺寸也减小，这些都降低了水介质对焊缝的散热作用，因此虽然此时搅拌头在单位长度焊缝上的产热量降低，焊缝各区的峰值温度却几乎保持不变，高温停留时间与空气环境下相比也具有较低的变化速率。

这些都说明，在水下 FSW 中，工艺参数发生变化时所带来的水介质散热程度的变化会对温度场演变产生显著影响，这与温度场演变主要受焊接产热影响的常规 FSW 形成了鲜明的对比。

要得到优质的水浸接头，对焊接温度场的控制是关键。以上分析表明，提高转速会增大焊缝峰值温度，而提高焊速则会降低高温停留时间，因此低转速和高焊速的参数组合能够最大限度地降低焊接热输入，提高接头质量。但由第 3 章和第 4 章的结果可知，转速过低会降低对焊缝的应变强化作用，而焊速过高又会导致焊接缺陷的出现，因此，最佳选择就是在保证焊缝得到充分搅拌而又不出现缺陷的前提下，尽可能地降低峰值温度和缩短高温停留时间，这也正是在转速 980r/min 和焊速 220mm/min 的参数组合下得到最优接头的原因。

6.3.5.3 最优 FSW 接头温度场对比

通过优化水下 FSW 工艺，在常规最优工艺的基础上实现了接头力学性能的进一步提高。对比最优接头的温度场分布，可以对这一提高做出最直接的解释。从图 6-22 看出，常规最优接头和水浸最优接头的最高峰值温度非常接近，分别为 442℃ 和 439℃，但水浸最优接头的高温作用区域已急剧缩小。

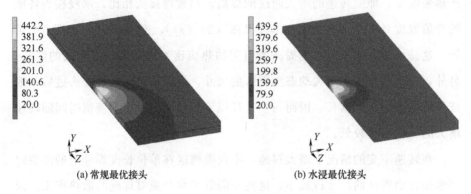

(a) 常规最优接头　　　　(b) 水浸最优接头

图 6-22　焊接达到准稳态时最优接头的温度场分布

在横截面上，水浸最优接头的等温线与常规最优接头相比发生了向焊缝中心线方向的收缩，且在轴肩作用范围内的厚度方向上，等温线在焊缝根部的收缩程度最大，表明该位置受到了更强的冷却作用（图 6-23）。这点从图 6-24 中可以更清楚看出，不仅焊缝根部的峰值温度降低，焊后冷却速率也显著增大。由于接头最薄弱位置的温度场得到了有效的控制，因而其力学性能在水浸环境中能够得以进一步提高。

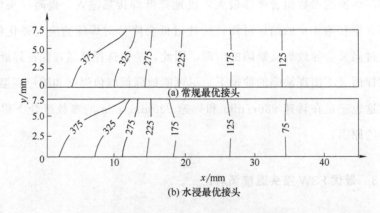

图 6-23　最优接头横截面上的温度场分布

第6章 水介质的汽化特征及水下FSW温度场

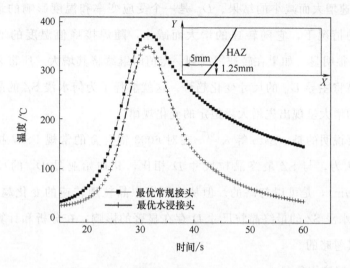

图 6-24 最优接头特征点的热循环曲线（小图标示出了特征点的具体位置）

6.3.5.4 温度场与微观组织的相关性

（1）晶粒尺寸

在搅拌头对被焊材料进行搅拌的过程中，SZ内通过位错的迁移、聚集及位错墙的旋转和扩展（即CDRX机制）形成了细小的初始再结晶晶粒，待搅拌头离开后，这些细小晶粒将在焊后的冷却过程中发生静态长大。很多研究已经表明，再结晶晶粒的尺寸与温度之间存在如下的关系[67,128]：

$$D^2 - D_0^2 = A\exp(-Q/RT)t \tag{6-27}$$

式中，D_0 和 D 分别为再结晶晶粒的初始尺寸和长大后的尺寸；A 为常数；T 为温度；t 为晶粒长大时间。

在相同的工艺参数下，水浸接头的SZ具有更低的峰值温度和更短的高温停留时间，同时，位错迁移速率的降低使得初始亚晶尺寸 D_0 也较小，这些共同导致水浸SZ的晶粒组织与常规接头相比发生细化。

当转速由600r/min提高到1200r/min时，焊接峰值温度逐渐提高，晶粒尺寸也就随之增大。将转速由1200r/min继续提高至1400r/min时，虽然峰值温度也会继续提高，但晶粒尺寸却保持不变，由式（6-27）可知，这是

D_0 随转速增大而减小的结果。D_0 是一个受应变率和温度影响的量,在焊具固定的情况下,它随转速的增大而减小,随焊接峰值温度的增大而增大[129]。很明显,如果在转速提高到一定值时继续将其增大,所带来的应变率的提高将主导 D_0 的尺寸变化趋势。这就解释了为何水浸 SZ 的晶粒尺寸随转速的增大呈现出先增大后恒定的变化规律。

需要说明的是,Sato 等人[67]在对 6063 铝合金的常规 FSW 接头进行分析时认为,与 SZ 最终晶粒尺寸 D 相比,其初始亚晶 D_0 的尺寸很小($<0.61\mu m$),是可以忽略的。但从本研究中晶粒随转速的变化趋势来看,D_0 对于水浸 SZ 的最终晶粒尺寸 D 存在显著的影响,在分析和计算中是不可以将其忽略的。

(2) 沉淀相分布

表 6-4 列出了不同工艺参数下焊缝各区的温度场特征和沉淀相尺寸。所

表 6-4 水浸焊缝各区的温度场与沉淀相分布

项目	转速 /(r/min)	焊速 /(mm/min)	峰值温度 /℃	高温停留时间/s	亚稳相直径 /nm	亚稳相厚度 /nm	亚稳相数量密度 /(个/μm^2)
SZ	800	50	384.6	38	0	0	0
	600	100	361.5	18	0	0	0
	800	100	383.1	18.75	0	0	0
	1200	100	424.5	20	0	0	0
	1000	200	400	10	0	0	0
TMAZ	800	50	362.7	36	0	0	0
	600	100	340	17	67.6±14.9	16.9±4.2	190
	800	100	361.2	18	129.6±28.2	33.9±8.6	8.4
	1200	100	399.7	20	0	0	0
	1000	200	376.3	10	0	0	0
HAZ	800	50	353.9	36	90.7±22.9	20.9±5.9	27
	600	100	331	17	71.2±21.9	10.9±2.9	700
	800	100	352.6	17.25	92.7±30.4	7.6±1.8	300
	1200	100	389.8	18.75	91.2±34.3	9.7±2.6	100
	1000	200	367.5	9.5	72.9±21.5	9.8±2.7	450

有水浸 SZ 所经历的峰值温度均未达到亚稳相在基体内的溶解温度（见图 6-25），但其内部的亚稳相绝大多数都已溶入基体内，只有少量发生了向稳定相的转化。因此推断，焊接中搅拌头对被焊材料的旋转搅拌起到了促进亚稳相向基体内溶解的作用。这一点从图 6-26 能更清楚地看出。当焊速为 100mm/min 时，600r/min 转速所得的 SZ 与 800r/min 转速所得的 TMAZ 具有几乎完全重合的热循环曲线，但这两个区域的沉淀相分布完全不同，而

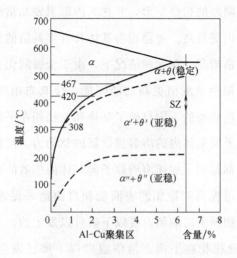

图 6-25　铝铜合金相图[130]

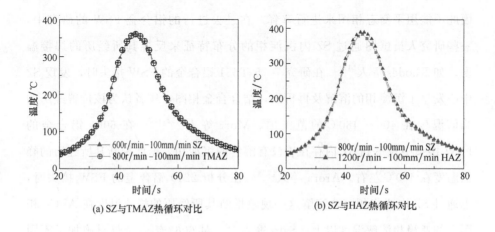

(a) SZ 与 TMAZ 热循环对比　　　(b) SZ 与 HAZ 热循环对比

图 6-26　不同工艺参数下 SZ 与 TMAZ 及 HAZ 的热循环对比

从两个区域的晶粒形态可知［见图5-1（a）和图3-4］，它们经历了不同程度的塑性变形。与此类似，1200r/min转速下的HAZ和800r/min转速下的SZ也经历了极为相近的焊接热循环，但未发生任何塑性变形的HAZ仍分布着大量的亚稳相，而发生了剧烈的塑性变形的SZ却不存在任何亚稳相。

在搅拌头的剧烈搅拌作用下，亚稳相会发生破碎，变成细小颗粒，从而具有更大的表面能，处于不稳定状态，易于向基体内溶解。其次，铝合金基体和亚稳相会发生剧烈的塑性变形，并在其内部引发晶格畸变而产生大量位错，导致二者的自由能升高。亚稳相与基体具有半共格的位相关系，在界面附近发生相近的晶格畸变。在这种情况下，由于金属间化合物的弹性模量要高于铝基体，亚稳相会呈现出更高的畸变能，使其自由能的升高程度也较大。这种自由能升高程度的不同打破了基体和亚稳相在平衡状态下的化学位相关系，为溶质原子向基体内的溶解提供新的驱动力。搅拌区内较高的温度和较大的位错密度都起到了加速溶质原子向基体内扩散的作用。可见，强烈的塑性变形可以通过提高亚稳相的表面能和自由能来促进其向基体内的溶解，而这是在平衡相图上的溶解温度以下就可以发生的。基于这个原因，水浸SZ内绝大多数亚稳相在平衡态溶解温度以下即已发生了向基体内的溶解，只有少量发生了向稳定相的转化。

从以上分析可知，SZ的沉淀相分布特征是一个热机综合作用的结果，因此不能用平衡态相图来进行解释。在过去进行的铝合金FSW的研究中，一些研究人员试图通过SZ内沉淀相的分布特征来反推其所经历的焊接温度。如Rhodes等人[131]在研究7075-T651铝合金的FSW接头时，发现SZ中心发生了沉淀相的溶解及再析出，结合合金相图，作者认为该位置经历的峰值温度在400~480℃的范围内。Murr等人[132,133]在6061铝合金的FSW接头中观察到SZ内存在着没有溶解的沉淀相，据此推断其所经历的峰值温度在400℃左右。Arora等人[134]在分析2219铝合金的FSW接头时，也通过SZ内亚稳相完全溶解这一现象推断其所经历的峰值温度在Al-Cu相图上的亚稳相溶解温度以上。Sato等人[42]对6063铝合金母材施加了不同的热循环作用，母材原始组织也因此发生了一系列变化，通过将FSW接头各区的组织与热处理所得的组织进行对比,作者认为距焊缝中心 0~8.5mm 的区域所受温度在 402℃以上。这些研究都将 SZ 最终的组织特征完全归结于焊接热循环,而忽略了塑性变形对组织演变的作用。从本研究所得的结果来看,这样做实际上是过高估计了 SZ 的温度。

前面分析证明了塑性变形能够促进亚稳相向基体内的溶解。为了进一步研究 FSW 过程中塑性变形是否对亚稳相的粗化存在影响,我们还对比分析了 TMAZ 和 HAZ 的热循环和组织特征。为实现这一目的,首先对焊缝各区所经历的热循环进行了量化处理:将热循环曲线中位于某一固定温度(在此选为 200℃)以上的部分沿时间轴进行积分,得出如图 6-27 所示的阴影部分的面积 S,在这里用 S 值大小来反映焊缝各区所受的热作用程度。表 6-5 列出了各参数下 S 值的计算结果。

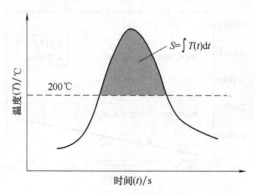

图 6-27 S 值计算示意图

表 6-5 不同工艺参数下所得 TMAZ 和 HAZ 的 S 值

焊接参数	位置	S 值/℃·s
800r/min-50mm/min	HAZ	3592.6
600r/min-100mm/min	TMAZ	1569.7
600r/min-100mm/min	HAZ	1432.6
800r/min-100mm/min	TMAZ	1901.6
800r/min-100mm/min	HAZ	1756.8
1200r/min-100mm/min	HAZ	2360.5
1000r/min-200mm/min	HAZ	1009.2

图 6-28 绘出了 S 值与亚稳相体积的对应关系。注意这里将亚稳相近似看成圆柱体，根据所测的直径和厚度就可计算出其平均体积值。在 HAZ 没有变形发生，亚稳相的粗化仅受热循环的影响，整体上看，随着 S 值的增大，亚稳相的体积也逐渐增大，且二者呈现出近似的线性关系。在发生变形的 TMAZ，情况有所不同。当转速为 600r/min 时，数据点与拟合直线比较接近，而在转速为 800r/min 时，数据点显著偏离了拟合直线，说明此时的亚稳相粗化受到温度以外的因素——变形的影响，变形急剧加速了 TMAZ 内亚稳相的粗化过程。低转速下，TMAZ 发生的变形程度较低，变形对亚稳相粗化的影响也较小，而当转速较高时，TMAZ 材料的变形程度也提高，位错密度显著增大[见图 5-7（c）]。高密度的位错为溶质原子的快速扩散提供了条件，最终促进了亚稳相的粗化过程。

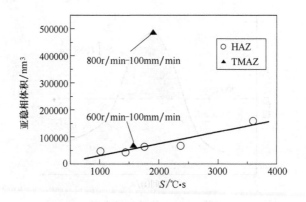

图 6-28 TMAZ 和 HAZ 内 S 值和亚稳相体积的对应关系

展　　望

本书以航天结构材料 2219 铝合金为研究对象，采用一般的 FSW 工艺方法，进行了水下 FSW 工艺特性及机理的内容论述。随着制造业的快速发展，FSW 技术的应用越来越广泛，所涉及的焊接材料种类、焊接工艺方法也会随之增多，因此，从应用对象的角度考虑，基于本书中所介绍的基础试验和理论知识，结合生产实际，构建特定焊接制造领域的水下 FSW 工艺数据库势在必行。这里面需要考虑的工艺规范条件将包括：材料种类和厚度、焊接方式（对接、搭接、双轴肩焊接等）、搅拌头尺寸和结构等。通过构建这样的较为完善的水下焊接工艺数据库，能够适应各工业领域中 FSW 的高质量应用需求。本书中提出的研究内容、研究方法以及所得到的基础的规律性知识和数据等，对于后续的更为全面深入的多角度研究能够起到支撑和借鉴作用。

本书中主要介绍了水浸环境对于温度场的影响。FSW 过程具有特殊的热量自适应产热特征，即温度本身决定着材料力学性能，进而决定了搅拌头与材料之间的相互作用力，从而反馈回来再次影响产热。从这个角度来看，很明显，水浸环境同样会影响搅拌头与材料之间的相互作用力，进而影响材料塑性流动行为。因此，综合考虑搅拌头的刚体特征和被焊材料的流体特征，建立全过程数值模拟分析模型，获得水下 FSW 过程的材料塑性流动机制和焊缝形成机理，对于更深入地揭示水下FSW的工艺特征机理具有重要意义，这将是未来水下FSW技术在理论研究方面的一个重要研究方向。

FSW自身固相焊接的属性不受水深和水压的限制，非常适合水下焊接作业，而随着水面舰艇及水下深潜器的轻量化需求，越来越多的特殊铝合金应用于水下结构中。本书中介绍的内容，虽然出发点是为了充分利用水介质强烈吸热作用的优点来控制铝合金FSW过程的焊接热作用，进而改善焊接接头的微观组织和力学性能，但是，从更广阔的角度来看，相关试验和理论知识，对于推动水下就位焊接制造及修复，同样具有重要的作用和意义。就这一应用而言，水介质温度和物理属性对于其在焊接中发生的汽化行为，以及由此引发的散热条件的变化，将是未来着力攻克的核心难题。

参 考 文 献

[1] 曹慧. 航天常用铝合金焊接接头性能分析 [J]. 焊接技术，2014，43（12）：23-25.

[2] T. R. Prabhu. An Overview of High-Performance Aircraft Structural Al Alloy-AA7085 [J]. Acta Metallurgica Sinica-English Letters，2015，28（7）：909-921.

[3] E. Boldsaikhan，S. Fukada，M. Fujimoto，et al. Refill Friction Stir Spot Welding of Surface-Treated Aerospace Aluminum Alloys with Faying-Surface Sealant [J]. Journal of Manufacturing Processes，2019，42：113-120.

[4] S. M. Johnson，J. F. Santa，O. L. Mejía，et al. Effect of the Number of Welding Repairs with GTAW on the Mechanical Behavior of AA7020 Aluminum Alloy Welded Joints [J]. Metallurgical and Materials Transactions B，2015，46（5）：2332-2339.

[5] E. Siewert，N. Hussary，M. Schnick，et al. New GTAW Variant for High-Throughput Aluminum Welding [J]. Welding in the World，2018，62（2）：385-391.

[6] L. J. Huang，X. M. Hua，D. S. Wu，et al. Microstructural Characterization of 5083 Aluminum Alloy Thick Plates Welded with GMAW and Twin Wire GMAW Processes [J]. The International Journal of Advanced Manufacturing Technology，2017，93（5-8）：1809-1817.

[7] H. T. Hong，Y. Q. Han，M. H. Du，et al. Investigation on Droplet Momentum in VPPA-GMAW Hybrid Welding of Aluminum Alloys [J]. The International Journal of Advanced Manufacturing Technology，2016，86（5-8）：2301-2308.

[8] 余志彪，黄以平，刘海浪，等. 铝合金电子束焊接技术的研究 [J]. 热加工工艺，2017，46（9）：14-17.

[9] X. H. Zhan，J. C. Chen，J. J. Liu，et al. Microstructure and Magnesium Burning Loss Behavior of AA6061 Electron Beam Welding Joints [J]. Materials and Design，2016，99：449-458.

[10] S. J. Chen，B. Xu，F. Jiang. Blasting Type Penetrating Characteristic in Variable Polarity Plasma Arc Welding of Aluminum Alloy of Type 5A06 [J]. Interna-

tional Journal of Heat and Mass Transfer, 2018, 118: 1293-1306.

[11] 春兰, 韩永全, 陈芙蓉, 等. 铝合金脉冲变极性等离子弧焊接工艺 [J]. 焊接学报, 2016, 37 (1): 29-32.

[12] W. M. Thomas, E. D. Nicholas, J. C. Needham, et al. Friction Stir Butt Welding [P]. International Patent Application No. PCT/GB92/02203 and GB Patent Application No. 9125978. 8. December 6, 1991.

[13] R. S. Mishra, Z. Y. Ma. Friction Stir Welding and Processing [J]. Materials Science and Engineering R, 2005, 50 (1-2): 1-78.

[14] V. Msomi, N. Mbana. Mechanical Properties of Friction Stir Welded AA1050-H14 and AA5083-H111 Joint: Sampling Aspect [J]. Metals, 2020, 10 (2): 214.

[15] M. Amiri, M. Kazeminezhad, A. H. Kokabi. Energy Absorption of Friction Stir Welded 1050 Aluminum Sheets Through Wedge Tearing [J]. Materials and Design, 2016, 93: 216-223.

[16] P. Mastanaiah, A. Sharma, G. M. Reddy. Dissimilar Friction Stir Welds in AA2219-AA5083 Aluminium Alloys: Effect of Process Parameters on Material Inter-Mixing, Defect Formation, and Mechanical Properties [J]. Transactions of the Indian Institute of Metals, 2015, 69 (7): 1397-1415.

[17] S. Gao, C. S. Wu, G. K. Padhy. Material Flow, Microstructure and Mechanical Properties of Friction Stir Welded AA 2024-T3 Enhanced by Ultrasonic Vibrations [J]. Journal of Manufacturing Processes, 2017, 30: 385-395.

[18] N. L. D. Vale, E. A. Torres, T. F. D. Santos, et al. Effect of the Energy Input on the Microstructure and Mechanical Behavior of AA2024-T351 Joint Produced by Friction Stir Welding [J]. Journal of the Brazilian Society of Mechanical Sciences and Engineering, 2018, 40 (9): 467.

[19] Y. S. Sato, T. Onuma, K. Ikeda, et al. Experimental Verification of Heat Input during Friction Stir Welding of Al Alloy 5083 [J]. Science and Technology of Welding and Joining, 2016, 21 (4): 325-330.

[20] B. Rahmatian, S. E. Mirsalehi, K. Dehghani. Metallurgical and Mechanical Characterization of Double-Sided Friction Stir Welded Thick AA5083 Aluminum Alloy Joints [J]. Transactions of the Indian Institute of Metals, 2019, 72 (10): 2739-2751.

[21] H. J. Aval, M. F. Naghibi. Orbital Friction Stir Lap Welding in Tubular Parts of Aluminium Alloy AA5083 [J]. Science and Technology of Welding and Joining, 2017, 22 (7): 562-572.

[22] S. D. Ji, X. C. Meng, J. G. Liu, et al. Formation and Mechanical Properties of Stationary Shoulder Friction Stir Welded 6005A-T6 Aluminum alloy [J]. Materials and Design, 2014, 62: 113-117.

[23] F. Lambiase, A. Paoletti, A. D. Ilio. Forces and Temperature Variation during Friction Stir Welding of Aluminum Alloy AA6082-T6 [J]. The International Journal of Advanced Manufacturing Technology, 2018, 99 (1-4): 337-346.

[24] L. Trueba, M. A. Torres, L. B. Johannes, et al. Process Optimization in the Self-Reacting Friction Stir Welding of Aluminum 6061-T6 [J]. International Journal of Material Forming, 2017, 11 (4): 559-570.

[25] M. W. Mahoney, C. G. Rhodes, J. G. Flintoff, et al. Properties of Friction-Stir-Welded 7075 T651 Aluminum [J]. Metallurgical and Materials Transactions A, 1998, 29 (7): 1955-1964.

[26] A. Sullivan, J. D. Robson. Microstructural Properties of Friction Stir Welded and Post-Weld Heat-Treated 7449 Aluminum Alloy Thick Plate [J]. Materials Science and Engineering A, 2008, 478 (1-2): 351-360.

[27] P. Dong, Z. P. Liu, X. Zhai, et al. Incredible Improvement in Fatigue Resistance of Friction Stir Welded 7075-T651 Aluminum Alloy Via Surface Mechanical Rolling Treatment [J]. International Journal of Fatigue, 2019, 124: 15-25.

[28] B. Safarbali, M. Shamanian, A. Eslami. Effect of Post-Weld Heat Treatment on Joint Properties of Dissimilar Friction Stir Welded 2024-T4 and 7075-T6 Aluminum Alloys [J]. Transactions of Nonferrous Metals Society of China, 2018, 28 (7): 1287-1297.

[29] M. R. Jandaghi, C. Badini, M. Pavese. Dissimilar Friction Stir Welding of AA2198 and AA7475: Effect of Solution Treatment and Aging on the Microstructure and Mechanical Strength [J]. Journal of Manufacturing Processes, 2020, 57: 712-724.

[30] A. H. Baghdadi, A. Rajabi, N. F. M. Selamat, et al. Effect of Post-Weld Heat Treatment on the Mechanical Behavior and Dislocation Density of Friction Stir Welded

Al6061 [J]. Materials Science and Engineering: A, 2019, 754: 728-734.

[31] Z. Y. Ma, A. H. Feng, D. L. Chen, et al. Recent Advances in Friction Stir Welding/Processing of Aluminum Alloys: Microstructural Evolution and Mechanical Properties [J]. Critical Reviews in Solid State and Materials Sciences, 2017, 43 (4): 269-333.

[32] J. J. Jonas, C. M. Sellars, W. J. M. Tegart. Strength and Structure under Hot-Working Conditions [J]. Metallurgical Reviews, 1969, 14 (130): 1-24.

[33] F. J. Humphreys, M. Hatherly. Recrystallization and Related Annealing Phenomena [M]. Oxford: Pergamon Press, 1995: 363.

[34] B. Inem. Dynamic Recrystallization in a Thermomechanically Processed Metal Matrix Composite [J]. Materials Science and Engineering A, 1995, 197 (1): 91-95.

[35] B. C. Ko, Y. C. Yoo. Prediction of Dynamic Recrystallization Condition by Deformation Efficiency for Al 2024 Composite Reinforced with SiC Particle [J]. Journal of Materials Science, 2000, 35 (16): 4073-4077.

[36] J. Q. Su, T. W. Nelson, C. J. Sterling. Microstructure Evolution during FSW/FSP of High Strength Aluminum Alloys [J]. Materials Science and Engineering A, 2005, 405 (1-2): 277-286.

[37] J. Q. Su, T. W. Nelson, R. Mishra, et al. Microstructural Investigation of Friction Stir Welded 7050-T651 Aluminum [J]. Acta Materialia, 2003, 51 (3): 713-729.

[38] P. B. Prangnell, C. P. Heason. Grain Structure Formation during Friction Stir Welding Observed by the "Stop Action Technique" [J]. Acta Materialia, 2005, 53 (11): 3179-3192.

[39] R. W. Fonda, J. F. Bingert. Microstructural Evolution in the Heat-Affected Zone of a Friction Stir Weld [J]. Metallurgical and Materials Transactions A, 2004, 35 (5): 1487-1499.

[40] M. Cabibbo, H. J. McQueen, E. Evangelista, et al. Microstructure and Mechanical Property Studies of AA6056 Friction Stir Welded Plate [J]. Materials Science and Engineering A, 2007, 460-461: 86-94.

[41] Y. C. Chen, J. C. Feng, H. J. Liu. Precipitate Evolution in Friction Stir Welding of 2219-T6 Aluminum Alloys [J]. Materials Characterization, 2009, 60 (6): 476-481.

[42] Y. S. Sato, H. Kokawa, M. Enomoto, et al. Microstructural Evolution of 6063 Aluminum during Friction-Stir Welding [J]. Metallurgical and Materials Transactions A, 1999, 30 (9): 2429-2437.

[43] B. J. Dracup, W. J. Arbegast. Friction Stir Welding as a Rivet Replacement Technology [C]. SAE Technical Paper 1999-01-3432, 1999, doi: 10.4271/1999-01-3432.

[44] Z. Zhang, B. L. Xiao, Z. Y. Ma. Enhancing Mechanical Properties of Friction Stir Welded 2219Al-T6 Joints at High Welding Speed Through Water Cooling and Post-Welding Artificial Ageing [J]. Materials Characterization, 2015, 106: 255-265.

[45] T. Hashimoto, S. Jyogan, K. Nakata, et al. FSW Joints of High Strength Aluminum Alloy [C]. Proceedings of the 1st International Symposium on Friction Stir Welding, Thousand Oaks, CA, USA, TWI Ltd, 1999: S9-P1.

[46] A. von Strombeck, J. F. dos Santos, F. Torster, et al. Fracture Toughness Behaviour of FSW Joints in Aluminium Alloys [C]. Proceedings of the 1st International Symposium on Friction Stir Welding, Thousand Oaks, CA, USA, TWI Ltd, 1999: S9-P3.

[47] S. Rajakumar, C. Muralidharan, V. Balasubramanian. Influence of Friction Stir Welding Process and Tool Parameters on Strength Properties of AA7075-T6 Aluminium Alloy Joints [J]. Materials and Design, 2011, 32 (2): 535-549.

[48] P. S. Pao, S. J. Gill, C. R. Feng, et al. Corrosion Fatigue Crack Growth in Friction Stir Welded Al7050 [J]. Scripta Materialia, 2001, 45 (5): 605-612.

[49] Y. P. Li, D. Q. Sun, W. B. Gong. Effect of Tool Rotational Speed on the Microstructure and Mechanical Properties of Bobbin Tool Friction Stir Welded 6082-T6 Aluminum Alloy [J]. Metals, 2019, 9 (8): 894

[50] P. Goel, A. N. Siddiquee, N. Z. Khan, et al. Investigation on the Effect of Tool Pin Profiles on Mechanical and Microstructural Properties of Friction Stir Butt and Scarf Welded Aluminium Alloy 6063 [J]. Metals, 2018, 8 (1): 74.

[51] B. Heinz, B. Skrotzki. Fatigue Crack Propagation Behavior of Friction Stir Welded Al-Mg-Si Alloy [J]. Metallurgical and Materials Transactions B, 2002, 33 (6): 489-497.

[52] C. D. Donne, G. Biallas, T. Ghidini, et al. Effect of Weld Imperfections and Residual Stresses on the Fatigue Crack Propagation in Friction Stir Welded Joints [C]. Proceedings of the 2nd International Symposium on Friction Stir Welding, Gothenburg, Sweden, TWI Ltd, 2000: S8-P2.

[53] K. V. Jata, M. W. Mahoney, R. S. Mishra, et al. Friction Stir Welding and Processing II [M]. Warrendale: TMS, 2003: 113.

[54] L. Zhang, H. L. Zhong, S. C. Li, et al. Microstructure, Mechanical Properties and Fatigue Crack Growth Behavior of Friction Stir Welded Joint of 6061-T6 Aluminum Alloy [J]. International Journal of Fatigue, 2020, 135: 105556.

[55] S. Zhao, Q. Z. Bi, Y. Wang, et al. Empirical Modeling for the Effects of Welding Factors on Tensile Properties of Bobbin Tool Friction Stir-Welded 2219-T87 Aluminum Alloy [J]. The International Journal of Advanced Manufacturing Technology, 2017, 90 (1-4): 1105-1118.

[56] LIU F C, MA Z Y. Influence of Tool Dimension and Welding Parameters on Microstructure and Mechanical Properties of Friction-Stir-Welded 6061-T651 Aluminum Alloy [J]. Metallurgical and Materials Transactions A, 2008, 39 (10): 2378-2388.

[57] LI B, SHEN Y F, HU W Y. The Study on Defects in Aluminum 2219-T6 Thick Butt Friction Stir Welds with the Application of Multiple Non-Destructive Testing Methods [J]. Materials and Design, 2011, 32 (4): 2073-2084.

[58] Leonard A J, Lockyer S A. Flaws in friction stir welds [C]. Proceedings of the 4th International Symposium on Friction Stir Welding, Park City, Utah, USA, TWI Ltd, 2003: S2-P1.

[59] Kim Y G, Fujii H, Tsumura T, et al. Three Defect Types in Friction Stir Welding of Aluminum Die Casting Alloy [J]. Materials Science and Engineering A, 2006, 415 (1-2): 250-254.

[60] Arbegast W J. A Flow-Partitioned Deformation Zone Model for Defect Formation during Friction Stir Welding [J]. Scripta Materialia, 2008, 58 (5): 372-376.

[61] Arbegast W J. Friction Stir Welding and Processing [M]. Ohio: ASM International, 2007: Chapter 13.

[62] 陈迎春. 2219铝合金搅拌摩擦焊接接头组织演变及力学性能 [D]. 哈尔滨：哈尔滨工业大学，2006：35-44.

[63] Elangovan K，Balasubramanian V，Babu S. Developing an Empirical Relationship to Predict Tensile Strength of Friction Stir Welded AA2219 Aluminum Alloy [J]. Journal of Materials Engineering and Performance，2008，17（6）：820-830.

[64] Elangovan K，Balasubramanian V，Babu S. Predicting Tensile Strength of Friction Stir Welded AA6061 Aluminium Alloy Joints by a Mathematical Model [J]. Materials and Design，2009，30（1）：188-193.

[65] Sundaram N S，Murugan N. Tensile Behavior of Dissimilar Friction Stir Welded Joints of Aluminium Alloys [J]. Materials and Design，2010，31（9）：4184-4193.

[66] Karthikeyan L，Senthil Kumar V S. Relationship between Process Parameters and Mechanical Properties of Friction Stir Processed AA6063-T6 Aluminum Alloy [J]. Materials and Design，2011，32（5）：3085-3091.

[67] Sato Y S，Urata M，Kokawa H. Parameters Controlling Microstructure and Hardness during Friction Stir Welding of Precipitation Hardenable Aluminum Alloy 6063 [J]. Metallurgical and Materials Transactions A，2002，33（3）：625-635.

[68] Tang W，Guo X，McClure J C, et al. Heat Input and Temperature Distribution in Friction Stir Welding [J]. Journal of Materials Processing and Manufacturing Science，1999，7（2）：163-172.

[69] McClure J C，Feng Z，Tang T, et al. A Thermal Model of Friction Stir Welding [C]. Proceedings of 5th International Conference on Trends in Welding Research，Pine Mountain，GA，USA，ASM International，1998：590-595.

[70] CHAO Y J，QI X. Heat Transfer and Thermal-Mechanical Analysis of Friction Stir Joining of AA6061-T6 Plates [C]. Proceedings of 1st International Symposium on Friction Stir Welding，Thousand Oaks，CA，USA，TWI Ltd，1999：S4-P2.

[71] Russell M J，Shercliff H R. Analytic Modeling of Microstructure Development in Friction Stir Welding [C]. Proceedings of 1st International Symposium on Friction Stir Welding，Thousand Oaks，CA，USA，TWI Ltd，1999：S8-P3.

[72] Frigaard O，Grong φ，Bjorneklett B, et al. Modeling of the Thermal and Microstructure Fields during Friction Stir Welding of Aluminum Alloys [C]. Proceedings

of 1st International Symposium on Friction Stir Welding, Thousand Oaks, CA, USA, TWI Ltd, 1999: S8-P2.

[73] Colegrove P, Painte M, Graham D, et al. 3 Dimensional Flow and Thermal Modelling of the Friction Stir Welding Process [C]. Proceedings of the 2nd International Symposium on Friction Stir Welding, Gothenburg, Sweden, TWI Ltd, 2000: S4-P3.

[74] Nandan R, Roy G G, Lienert T J, et al. Three-Dimensional Heat and Material Flow during Friction Stir Welding of Mild Steel [J]. Acta Materialia, 2007, 55 (3): 883-895.

[75] Khandkar M Z H, Khan J A, Reynolds A P. Prediction of Temperature Distribution and Thermal History during Friction Stir Welding: Input Torque Based Model [J]. Science and Technology of Welding and Joining, 2003, 8 (3): 165-175.

[76] Schmidt H, Hattel J, Wert J. An Analytical Model for the Heat Generation in Friction Stir Welding [J]. Modelling and Simulation in Materials Science and Engineering, 2004, 12 (1): 143-157.

[77] Schmidt H B, Hattel J H. A Thermal-Pseudo-Mechanical Model for the Heat Generation in Friction Stir Welding [C]. Proceedings of the 7th International Symposium on Friction Stir Welding, Awaji Island, Japan, TWI Ltd, 2008: S2B-P4.

[78] Hosseini M, Manesh H D. Immersed Friction Stir Welding of Ultrafine Grained Accumulative Roll-Bonded Al Alloy [J]. Materials and Design, 2010, 31 (10): 4786-4791.

[79] Benavides S, Li Y, E Murr L, et al. Low-Temperature Friction-Stir Welding of 2024 Aluminum [J]. Scripta Materialia, 1999, 41 (8): 809-815.

[80] Hofmann D C, Vecchio K S. Submerged Friction Stir Processing (SFSP): An Improved Method for Creating Ultra-Fine-Grained Bulk Materials [J]. Materials Science and Engineering A, 2005, 402 (1-2): 234-241.

[81] Rhodes C G, Mahoney M W, W. H. Bingel, et al. Fine-Grain Evolution in Friction-Stir Processed 7050 Aluminum [J]. Scripta Materialia, 2003, 48 (10): 1451-1455.

[82] Su J Q, Nelson T W, Sterling C J. A New Route to Bulk Nanocrystalline Materi-

als [J]. Journal of Materials Research, 2003, 18 (8): 1757-1760.

[83] Staron P, Koçak M, Williams S. Residual Stresses in Friction Stir Welded Al Sheets [J]. Applied Physics A, 2002, 74 (Suppl.): 1161-1162.

[84] Fratini L, Buffa G, Shivpuri R. Mechanical and Metallurgical Effects of in Process Cooling During Friction Stir Welding of AA7075-T6 Butt Joints [J]. Acta Materialia, 2010, 58 (6): 2056-2067.

[85] Seliger G, Khraisheh M M K, Jawahir I S. Advances in Sustainable Manufacturing [M]. Berlin: Springer-Verlag, 2011: 99-105.

[86] Valiev R Z, Gertsman V Y, Kaibyshev O A. Grain-Boundary Structure and Properties under External Influences [J]. Physica Status Solidi A, 1986, 97 (1): 11-56.

[87] Musalimov R S, Valiev R Z. Dilatometric Analysis of Aluminium Alloy with Submicrometre Grained Structure [J]. Scripta Metallurgica et Materialia, 1992, 27 (12): 1685-1690.

[88] Jata K V, Semiatin S L. Continuous Dynamic Recrystallization during Friction Stir Welding of High Strength Aluminum Alloys [J]. Scripta Materialia, 2000, 43 (8): 743-749.

[89] Buffa G, Fratini L, Shivpuri R. CDRX Modelling in Friction Stir Welding of AA7075-T6 Aluminum Alloy: Analytical Approaches [J]. Journal of Materials Processing Technology, 2007, 191 (1-3): 356-359.

[90] McNelley T R, Swaminathan S, Su J Q. Recrystallization Mechanisms during Friction Stir Welding/Processing of Aluminum Alloys [J]. Scripta Materialia, 2008, 58 (5): 349-354.

[91] Fonda R W, Bingert J F. Precipitation and Grain Refinement in a 2195 Al Friction Stir Weld [J]. Metallurgical and Materials Transactions A, 2006, 37 (12): 3593-3604.

[92] Starink M J, Deschamps A, Wang S C. The Strength of Friction Stir Welded and Friction Stir Processed Aluminium Alloys [J]. Scripta Materialia, 2008, 58 (5): 377-382.

[93] Genevois C, Deschamps A, Denquin A, et al. Quantitative Investigation of Precip-

itation and Mechanical Behaviour for AA2024 Friction Stir Welds [J]. Acta Materialia, 2005, 53 (8): 2447-2458.

[94] Gallais C, Denquin A, Bréchet Y, et al. Precipitation Microstructures in an AA6056 Aluminium Alloy after Friction Stir Welding: Characterisation and Modelling [J]. Material Science and Engineering A, 2008, 496 (1-2): 77-89.

[95] 潘庆. 2219铝合金搅拌摩擦焊接缺陷及接头力学性能研究 [D]. 哈尔滨: 哈尔滨工业大学, 2007: 18-20.

[96] Ferreira S L C, Bruns R E, Ferreira H S, et al. Box-Behnken Design: An Alternative for the Optimization of Analytical Methods [J]. Analytica Chimica Acta, 2007, 597 (2): 179-186.

[97] Nguyen N-K, Borkowski J J. New 3-Level Response Surface Designs Constructed From Incomplete Block Designs [J]. Journal of Statistical Planning and Inference, 2008, 138 (1): 294-305.

[98] Ray S, Reaume S J, Lalman J A. Developing a Statistical Model to Predict Hydrogen Production by a Mixed Anaerobic Mesophilic Culture [J]. International Journal of Hydrogen Energy, 2010, 35 (11): 5332-5342.

[99] Kumar K, Kailas S V. The Role of Friction Stir Welding Tool on Material Flow and Weld Formation [J]. Materials Science and Engineering A, 2008, 485 (1-2): 367-374.

[100] Guerra M, Schmidt C, McClure J C, et al. Flow Patterns during Friction Stir Welding [J]. Materials Characterization, 2002, 49 (2): 95-101.

[101] Schmidt H N B, Dickerson T L, Hattel J H. Material Flow in Butt Friction Stir Welds in AA2024-T3 [J]. Acta Materialia, 2006, 54 (4): 1199-1209.

[102] Hassan K A A, Prangnell P B, Norman A F, et al. Effect of Welding Parameters on Nugget Zone Microstructure and Properties in High Strength Aluminium Alloy Friction Stir Welds [J]. Science and Technology of Welding and Joining, 2003, 8 (4): 257-268.

[103] Yan J H, Sutton M A, Reynolds A P. Process-Structure-Property Relationships for Nugget and Heat Affected Zone Regions of AA2524-T351 Friction Stir Welds [J]. Science and Technology of Welding and Joining, 2005, 10 (6): 725-736.

[104] Shukla A K, Baeslack W A. Effect of Process Conditions on Microstructure Evolution and Mechanical Properties of Friction Stir Welded Thin Sheet 2024-T3 [C]. Proceedings of 6th International Friction Stir Welding Symposium, St Sauveur, Canada, TWI Ltd, 2006: S9A-P2.

[105] Nandan R, DebRoy T, Bhadeshia H K D H. Recent Advances in Friction-Stir Welding-Process, Weldment Structure and Properties [J]. Progress in Materials Science, 2008, 53 (6): 980-1023.

[106] MA Z Y. Friction Stir Processing Technology: A Review [J]. Metallurgical and Materials Transactions A, 2008, 39 (3): 642-658.

[107] Liu H, Maeda M, Fujii H, et al. Tensile Properties and Fracture Locations of Friction-Stir Welded Joints of 1050-H24 Aluminum Alloy [J]. Journal of Materials Science Letters, 2003, 22 (1): 41-43.

[108] Liu H J, Fujii H, Maeda M, et al. Tensile Properties and Fracture Locations of Friction Stir Welded Joints of 6061-T6 Aluminum Alloy [J]. Journal of Materials Science Letters, 2003, 22 (15): 1601-1603.

[109] Lin S B, Zhao Y H, Wu L. Integral and Layered Mechanical Properties of Friction Stir Welded Joints of 2014 Aluminium Alloy [J]. Materials Science and Technology, 2006, 22 (8): 995-998.

[110] Chen Y C, Liu H J, Feng J C. Friction Stir Welding Characteristics of Different Heat-Treated-State 2219 Aluminum Alloy Plates [J]. Materials Science and Engineering A, 2006, 420 (1-2): 21-25.

[111] Feng X L, Liu H J, Babu S S. Effect of Grain Size Refinement and Precipitation Reactions on Strengthening in Friction Stir Processed Al-Cu Alloys [J]. Scripta Materialia, 2011, 65 (12): 1057-1060.

[112] 皮茨, 西索姆. 传热学（原第二版）[M]. 葛新石, 译. 北京: 科学出版社, 2002: 194.

[113] 安娜-玛丽娅·比安什, 伊夫·福泰勒, 雅克琳娜·埃黛. 传热学 [M]. 王晓东, 译. 大连: 大连理工大学出版社, 2008: 170-285.

[114] Zwilsky K M, Langer E L. ASM Handbook Volume 2, Properties and Selection: Nonferrous Alloys and Special-Purpose Materials. Ohio: ASM International,

2001: 300-313.

[115] Bastier A, Maitournam M H, Dang Van K, et al. Steady State Thermomechanical Modelling of Friction Stir Welding [J]. Science and Technology of Welding and Joining, 2006, 11 (3): 278-288.

[116] 朱聘冠. 换热器原理及计算 [M]. 北京: 清华大学出版社, 1987: 5.

[117] Schmidt H, Hattel J. A Local Model for the Thermomechanical Conditions in Friction Stir Welding [J]. Modelling and Simulation in Materials Science and Engineering, 2005, 13 (1): 77-93.

[118] Chao Y J, Qi X. Thermal and Thermo-Mechanical Modeling of Friction Stir Welding of Aluminum Alloy 6061-T6 [J]. Journal of Materials Processing and Manufacturing Science, 1998, 7 (2): 215-233.

[119] Hamilton C, S. Dymek, A. Sommers. A Thermal Model of Friction Stir Welding in Aluminum Alloys [J]. International Journal of Machine Tools & Manufacture, 2008, 48 (10): 1120-1130.

[120] Jacquin D, De Meester B, Simar A, et al. A Simple Eulerian Thermomechanical Modeling of Friction Stir Welding [J]. Journal of Materials Processing Technology, 2011, 211 (1): 57-65.

[121] Kim D, Badarinarayan H, Kim J H, et al. Numerical Simulation of Friction Stir Butt Welding Process for AA5083-H18 Sheets [J]. European Journal of Mechanics A/Solids, 2010, 29 (2): 204-215.

[122] Hilgert J, Schmidt H N B, Dos Santos J F, et al. Thermal Models for Bobbin Tool Friction Stir Welding [J]. Journal of Materials Processing Technology, 2011, 211 (2): 197-204.

[123] Rajamanickam N, Balusamy V, Reddy G M, et al. Effect of Process Parameters on Thermal History and Mechanical Properties of Friction Stir Welds [J]. Materials and Design, 2009, 30 (7): 2726-2731.

[124] De Vuyst T, Madhavan V, Ducoeur B, et al. A Thermo-Fluid/Thermo-Mechanical Modelling Approach for Computing Temperature Cycles and Residual Stresses in FSW [C]. Proceedings of 7th International Friction Stir Welding Symposium, Awaji Island, Japan, TWI Ltd, 2008: S2B-P3.

[125] Hamilton C, Sommers A, Dymek S. A Thermal Model of Friction Stir Welding Applied to Sc-Modified Al-Zn-Mg-Cu Alloy Extrusions [J]. International Journal of Machine Tools & Manufacture, 2009, 49 (3-4): 230-238.

[126] Lü S X, Yan J C, Li W G, et al. Simulation on Temperature Field of Friction Stir Welded Joints of 2024-T4 Al [J]. Acta Metallurgica Sinica, 2005, 18 (4): 552-556.

[127] 鲁钟琪. 两相流与沸腾传热 [M]. 北京: 清华大学出版社, 2002: 161.

[128] Jena A K, Chaturvedi M C. Phase Transformations in Materials [M]. Englewood Cliffs: Prentice-Hall, 1992: 289-292.

[129] Derby B, Ashby M F. On Dynamic Recrystallisation [J]. Scripta Metallurgica, 1987, 21 (6): 879-884.

[130] Cahn R W, Hassen P, Kramer E J. Phase Transformations in Materials [M]. Beijing: Science Press, 1998: 206.

[131] Rhodes C G, Mahoney M W, Bingel W H, et al. Effects of Friction Stir Welding on Microstructure of 7075 Aluminum [J]. Scripta Materialia, 1997, 36 (1): 69-75.

[132] Liu G, Murr L E, Niou C S, et al. Microstructural Aspects of the Friction-Stir Welding of 6061-T6 Aluminum [J]. Scripta Materialia, 1997, 37 (3): 355-361.

[133] Murr L E, Liu G, McClure J C. A TEM Study of Precipitation and Related Microstructures in Friction-Stir Welded 6061 Aluminum [J]. Journal of Materials Science, 1998, 33 (5): 1243-1251.

[134] Arora K S, Pandey S, Schaper M, et al. Microstructure Evolution during Friction Stir Welding of Aluminum Alloy AA2219 [J]. Journal of Materials Sciences and Technology, 2010, 26 (8): 747-753.